KB233658

최 / 강 / 희

사소한아이의
소소한행복

ⓒ 최강희 2009

초판 1쇄 발행 2009년 10월 10일
초판 8쇄 발행 2010년 10월 27일

지은이● 최강희

사진● 이영진
일러스트● 박미진
아이슬란드 현지 진행● 홍민기(프로듀서 & 매니저), 최윤걸(스타일리스트),
김수희(메이크업), 강성희(헤어), 최경은·비르키르(현지 코디네이션)
협찬 도움● Thursday Island, Shuuemura, Topntip

펴낸이● 강병선
편집인● 윤동희

디자인● 한혜진
마케팅● 방미연 우영희 정유선 나해진
온라인 마케팅● 이상혁 한민아
제작● 안정숙 서동관 김애진 정구현
제작처● 한영문화사(인쇄) 우진제책사(제본)

펴낸곳● (주)문학동네
출판등록● 1993년 10월 22일 제406-2003-000045호
임프린트● 북노마드

주소● 413-756 경기도 파주시 교하읍 문발리 파주출판도시 513-8
전자우편● ceohee02@nate.com
전화번호● 031.955.8888(관리), 031.955.2675(편집)
팩스● 031.955.8855

ISBN● 978-89-546-0885-5　03980

● 북노마드는 출판그룹 문학동네 임프린트입니다. 이 책의 판권은 지은이와 북노마드에 있습니다.
　이 책 내용의 전부 또는 일부를 재사용하려면 반드시 양측의 서면 동의를 받아야 합니다.

● 이 책의 국립중앙도서관 출판시도서목록(CIP)은 e-CIP 홈페이지(www.nl.go.kr/cip.php)에서 이용하실 수 있습니다.
　(CIP 제어번호: CIP2009002892)

● 이 책의 출판 저작권료 전액은 저자의 뜻에 따라 미혼모 돕기 및 환경보호단체를 돕는 데 사용됩니다.

www.munhak.com

이야기, 테마가이드

꿈의 바다! 남해안

이야기, 테마가이드
꿈의 바다! 남해안

도서출판 애드밴

푸른 바다와 새하얀 뭉게구름,
초록빛 수목이 어우러진
남해안으로 여행을 떠나요

자연과 역사, 문화, 예술이 살아 숨쉬는
해양낙원 남해안에서
미래를 꿈꾸세요!

남해안 시대를 열며…

경상남도, 전라남도, 부산시는 공동으로 다가올 남해안 시대를 앞두고 남해안과 접해 있는 여러 지역들을 국제적인 관광명소로 육성해나간다. 남해안 관광활성화를 위해 2012년까지 '시간여행', '맛기행', '멋과 풍류', '블루&그린', '남해안 크루즈' 5개 주제 아래 35개 테마 코스를 발굴, 남해안의 아름다운 자연과 문화, 예술, 체험 활동 등을 적극 알려나갈 계획이다. 이외에도 남해안 축제 이벤트를 기획, 홍보하는 등 남해안 관광 발전을 위한 다양한 공동 사업을 추진하고 있다.

Contents

02
맛기행
Food&Flavor

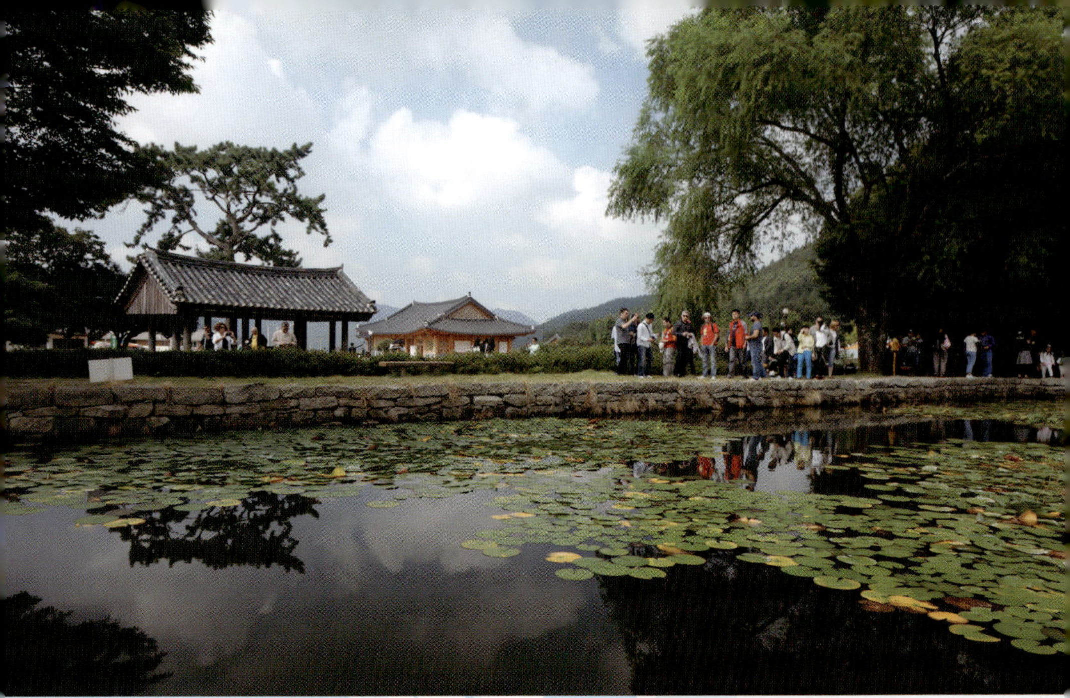

03
멋과 풍류
Life Style&Culture

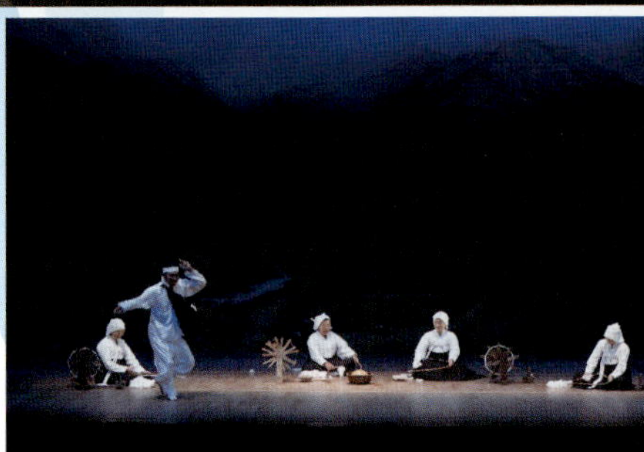

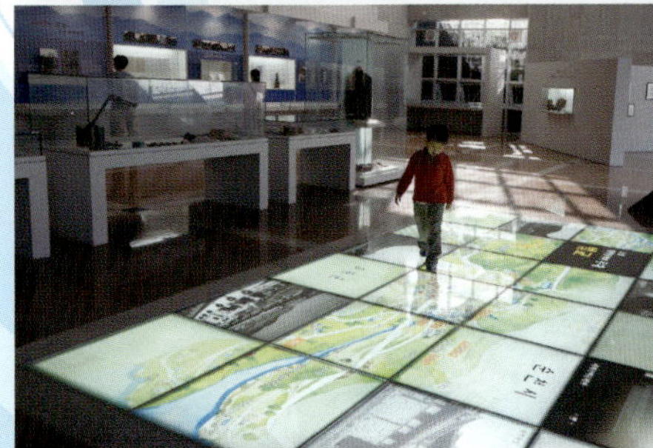

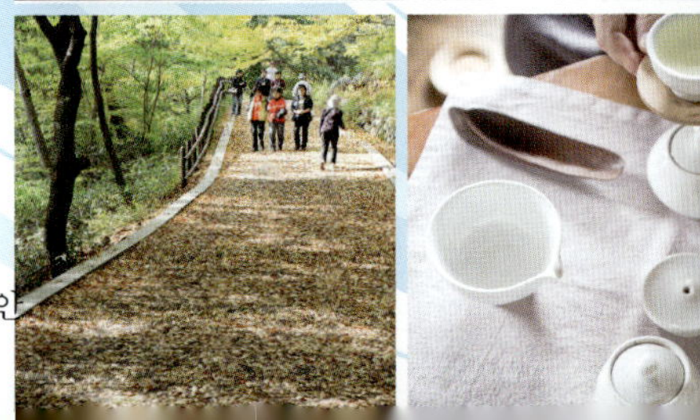

[Special]

Step 01 남해안 여행이 뭔가요?

이 책은 남해안의 아름다운 여행지와 특색 있는 역사와 문화, 남해안의 맛과 멋을 알리기 위해 구성한 다섯 개 주제 중 시간 여행, 맛 기행, 멋과 풍류, 블루&그린까지 총 네 개의 테마를 메인으로 소개한다. 각 테마별 추천 코스를 비롯해 여행 포인트와 여행지 소개를 통해 세계의 내로라하는 관광지 못지않은 남해안을 만나볼 수 있다.

Step 02 책의 구성

이 책에는 총 네 개의 테마로 29개의 테마 여행 코스가 소개되어 있다. 각 테마 코스에는 모두 추천 일정을 비롯해 자세한 여행 정보를 담아 실제 여행에 유용하게 사용할 수 있도록 했다. 테마 여행 코스 별 여행팁은 Travel Tip으로, 테마 여행 코스를 이루고 있는 각 스폿 별 여행 팁은 Tip 박스 안에서 소개해 더욱 다채로운 일정 계획을 돕는다.

Step 03 기호 보는 방법

주소 - ✉

전화번호 - ☎

영업시간 - ⧗

요금 - ₩

홈페이지 - 🖱

Step 04 지도 보는 방법

각 테마 여행 코스마다 가는 방법을 p206~208에 총 정리해두었다. 또한 남해안 지역의 전체 지도를 비롯해 전라남도, 경상남도, 부산시 상세 지도는 p212-218에 담았다. 지도에는 각 테마 코스의 번호를 표기해 이 책의 테마 여행과 연계할 수도 있다. 또한 자가용으로 이동하는 여행자의 편의를 위해 내비로 찾아가는 남해안 섹션을 p206~213에 마련했다. 소개해 더욱 다채로운 일정 계획을 돕는다.

"옛날 옛적 남해안에는…" 남해안 일대에는 여러 층의 시간이 켜켜이 쌓여있다. 그 시간의 흔적들은 공룡 발자국으로, 이순신 장군의 발자취로도 남해안을 세상의 그 어떤 곳보다 특별하게 만든다. 남해안의 바다와 햇볕 그리고 바람이 속삭이는 이야기는 할머니의 옛날이야기 속에도 있지만 눈밭처럼 펼쳐진 염전에서, 수채화 같은 습지에서도 불쑥 고개를 들이민다. 이제 남해안의 사람들, 이곳의 자연, 그 역사가 들려주는 이야기에 귀를 기울일 때다.

시간여행 Time Travel

01 소금이 온다

바다가 주는 선물 중 으뜸은 소금이라 해도 과언이 아니다. 그 누가 소금 없는 세상을 상상이나 할 수 있겠는가. 바다와 태양, 바람이 피워내는 새하얀 소금꽃은 인류의 미래를 책임지는 생명꽃이기도 하다. 국내에서 생산되는 천일염 중 80% 가량은 전남의 섬 일대에서 만들어진다. 그 중 유네스코 생물권보전지역으로 지정된 신안군 증도는 세계 5대 갯벌 중에서도 유일하게 갯벌 천일염이 생산되는 특별한 지역이다. 이곳에서는 소금이 만들어지는 과정과 쓰임새를 직접 눈으로 보고 체험할 수 있다.

소금에 관한 모든 것
소금 박물관

과연 우리는 소금에 대해 얼마나 알고 있을까? 증도 소금 박물관은 소금의 역사와 문화, 종류, 효능 등 소금에 관한 모든 궁금증을 풀어준다. 소금이 만들어지는 과정을 모형으로 전시해 아이들도 쉽고 재밌게 관람할 수 있으며 소금에 관한 여러 오해와 잘못된 상식들도 바로잡아 준다. 소금 덕분에 왕에 오른 광해군 이야기 등 역사 이면에 숨겨진 재미난 에피소드도 많다. 이 밖에 세계 각국의 다양한 소금들도 전시하고 있다. 박물관 규모가 크지 않아 30분 정도면 충분히 관람을 마칠 수 있다.

박물관 건물에도 역사적인 가치가 담겨져 있다. 1945년 염전 설립 초기에 건축된 석조 소금창고를 2007년 박물관으로 개조한 것으로 옛 모습이 잘 보존되어 있어 염전 역사의 귀중한 유적이 되고 있다. 염전으로는 최초로 근대문화유산으로 등록되었으며 건물 입구에 세워진 맘모스 형상을 한 조형물이 이채롭다. 박물관에서는 하루 두 차례 염전 체험도 실시한다.

전라남도 신안군 증도면 대초리 1648
09:00~18:00(입장은 폐관 30분 전까지이며 화요일은 2시까지 운영), 매주 수요일과 매월 1일은 휴무. 어른 2,000원, 청소년 및 어린이 1,000원 061-275-0829
www.saltmuseum.org

● 염전 체험은 3일 전 홈페이지나 전화 예약 가능하며 오전 11시, 오후 3시 진행(4월~10월까지만 가능) 체험료는 어른 7,000원, 청소년 및 어린이 6,000원, 유아 및 경로 5,000원. 체험 시 천일염 1kg 증정.

1, 2 소금박물관 **3** 염생식물원 **4** 태평염전

나만의 소금 만들기 염전 체험

소금 박물관 염전 체험을 신청하면 실제 염전에서 직접 소금을 채취해볼 수 있다. 박물관 관람 뒤 부근 태평염전으로 이동해 옛 전통방식인 소금 밀기 수차 체험을 한 후 염전 창고를 견학하는 코스가 준비되어 있다. 태평염전은 국내 최대 규모의 단일 염전으로 연간 1만6,000여 톤의 소금을 생산한다. 이 밖에 자연 형성된 소금밭 습지를 둘러보며 염생 식물들에 관해 배워보는 시간이 마련된다. 염전이 한 눈에 보이는 전망대에 오르거나 소금 전시 판매장에서 다양한 소금도 구매할 수 있다. 박물관 관람까지 약 2시간 30분 정도 소요된다.

세상에서 가장 순결한 치료제
소금동굴 힐링센터

예전 음식 맛을 내는 데만 쓰이던 소금이 지금은 미용 요법은 물론 질병 치유에까지 다양하게 사용되고 있다. 국내에 최초로 문을 연 증도 소금동굴 힐링센터는 단순히 먹는 소금을 넘어 20~23℃의 상온에서 미세한 소금입자를 호흡함으로써 몸과 마음의 치유 및 심리적 안정을 가져다준다. 나노입자 만큼 고운 소금입자가 몸 안에 흡입되면서 항염 및 항균력을 발휘해 천식이나 기관지염, 알레르기성 비염 등 호흡기 질환 증상 완화에 도움을 주기 때문이다. 소금동굴은 이미 동유럽과 유럽 전역에 보편화된 치료 요법이기도 하다. 힐링센터 안은 바닥과 벽, 천장이 온통 소금으로 이뤄져 실제 천연 소금동굴 안에 머무는 느낌이 든다. 은은한 푸른빛이 신비스러운 분위기를 더한다. 동굴 안 곳곳에는 침대와 의자가 마련되어 있어 편히 휴식을 취할 수 있다. 침대 또한 소금을 압축해 만든 것으로 가만히 누워만 있어도 몸이 치유되는 기분이다. 의자를 제외하고는 모두 증도에서 생산되는 천일염을 사용했다.

✉ 전라남도 신안군 증도면 대초리 1648-1 ⌚ 하절기(4월~11월) 09:00~21:00, 동절기(12월~3월) 19:00 까지. 체험은 매시 정각부터 45분간 이용. ₩ 어른 1만원, 어린이 5,000원(자죽염수 한 잔 무료 제공) ☎ 061-261-2266

1 소금동굴 힐링센터 **2, 3** 소금가게

소금으로 만든 웰빙 식단, 솔트 레스토랑

소금동굴 힐링센터와 나란히 자리한 솔트 레스토랑은 국내 유일의 소금, 함초 전문 레스토랑으로 이를 이용한 다양한 웰빙 요리들을 선보인다. 특히 증도와 태평염전에서 나는 재료들을 이용해 신선한 요리들을 맛볼 수 있다. 천일염 피라미드 안에서 숙성시킨 함초로 만든 김치와 청국장을 비롯해 소금동굴 생선구이, 함초 돈 샤브 칼국수, 함초 생선 숙회 등 독특한 테마 메뉴들을 제공한다. 옛 소금창고를 개조해 만든 레스토랑도 특별한 운치를 더한다. 입구에 마련된 소금 가게에는 각종 소금을 비롯해 유기농 함초를 이용한 과자와 비누, 여러 가지 수제품 등을 판매한다.

1 증도 갯벌 2 짱뚱어 다리 3 자전거 타기

증도 갯벌&짱뚱어 다리

예전 쓸모없는 땅으로 여겨졌던 갯벌은 사실 생명의 신비를 간직하고 있는 살아 숨 쉬는 우리의 미래이다. 특히 서남 해안 갯벌은 짱뚱어를 비롯해 바지락, 낙지, 고둥, 대합 등 각종 어패류와 염생 식물 군락이 펼쳐진 천혜의 청정 생태계이다.

그 중에서도 유네스코 생물권보전지역 갯벌습지보호지역으로 지정된 증도 갯벌은 이 같은 생태계가 잘 보존되어 있어 아이들은 물론 어른들에게도 좋은 자연 배움터가 된다. 군데군데 놓인 벤치에 앉아 드넓게 펼쳐진 갯벌을 감상할 수 있다.

갯벌 위를 가로지르는 짱뚱어 다리는 이곳의 또 다른 명물이다. 470m 정도 되는 길이에 목재로 만들어진 다리는 밀물 때면 마치 바다 위를 걷는 듯한 착각 속에 빠지게 한다. 연인들의 데이트 코스로도 좋고 자녀들을 위한 학습 공간으로도 손색이 없는 팔방미인이다. 특히 짱뚱어 다리에서 바라보는 일몰은 놓치면 아쉽다.

갯벌 한가운데에서 마주하는 노을 풍경은 가히 환상적이다. 저녁 무렵 불을 밝힌 다리는 밤하늘에 뜬 은하수처럼 갯벌 위를 가로지른다.

가는법 206p

t!p

갯벌 세상이 한 눈에 쏙쏙, 갯벌 생태 전시관

엘도라도 리조트 바로 옆에 자리한 갯벌 생태 전시관은 갯벌에 관한 다양한 지식과 정보들을 모아 놓은 곳이다. 갯벌이 형성된 과정과 종류들이 알기 쉽게 설명되어 있으며 증도를 비롯한 신안군의 갯벌 분포와 특징, 어촌 생활상에 이르기까지 자세히 전시되어 있다. 또한 사라져가는 갯벌을 지키기 위해 세계적으로 어떤 노력들이 이뤄지고 있는 지도 알 수 있다. 갯벌에 관한 배움을 마치고 2층 전망 데크에 오르면 증도 앞 바다를 한 눈에 담을 수 있다.

✉ 전라남도 신안군 증도면 우전리 77 ⏱ 09:00~17:00, 매주 월요일 휴관 Ⓦ 어른 2,000원, 청소년 1,000원, 어린이 800원 ☎ 061-275-8400

우전해수욕장

이국적인 풍경 가득한
우전 해수욕장

증도 갯벌과 이어진 바닷가 해변에 펼쳐진 우전 해수욕장은 뒤로는 해송 숲을 배경으로 하고 앞 바다에는 크고 작은 섬들이 점점이 떠 있는 멋진 풍경을 자랑한다. 고운 모래사장 위로는 휴양지의 정취를 물씬 풍기는 파라솔들이 늘어서 있어 한층 낭만적인 분위기이다. 해변 수심도 비교적 얕은 편인데다 물이 빠지면 폭 100m에 달할 정도로 넓은 백사장이 펼쳐진 탁 트인 전망이 일품이다. 더구나 한참을 걸어나가도 발이 빠지지 않을 정도로 단단한 모래가 해수욕을 즐기기에 더없이 좋은 환경을 제공한다. 해수욕장 한 편으로 인공 야외 풀도 조성해 놓았다. 해안가를 따라 도로가 잘 닦여 있어 자전거를 빌려 타고 섬 한 바퀴를 돌아도 좋다.

✉ 전라남도 신안군 증도면 우전리

한반도 모형이 독특한, 해송 숲

해송 숲은 약 60여 년 전에 마을과 주변 농경지들을 심한 해풍과 모래로부터 보호하기 위해 식재한 방풍림이다. 최근엔 해변가 휴양림으로 꾸며져 관광객들의 산책 코스로 인기를 끌고 있다. 숲 전경이 한반도 모습을 닮아 일명 '한반도 해송 숲'으로 불리며 2009년 아름다운 숲 전국대회에서 우수상까지 수상했다. 우전 해수욕장에서 갯벌 생태 전시관까지 약 4km에 달하는 해변가를 따라 난 해송 숲은 4개 구간으로 나눠져 숲길 산책로 코스가 조성되어 있다. 각 코스별 길이는 2~2.5km 정도며 중간마다 숲속 쉼터와 정자 등이 설치되어 삼림욕을 하며 천천히 쉬었다 가기 좋다. 숲길이 험하지는 않지만 저녁이면 어두워지기 때문에 너무 무리한 코스는 택하지 않도록 한다. ✉ 전라남도 신안군 증도면 우전리

섬 안의 또 다른 휴양지
엘도라도 리조트

해송 숲 끝자락에 세워진 엘도라도 리조트는 증도 안에 숨겨진 또 다른 휴양 코스다. 모든 객실에서 아름다운 바다 전망을 감상할 수 있으며 해수온천사우나와 야외 노천탕, 해수찜, 해양마사지 등 전천후 휴양시설을 갖춘 오션스파랜드와 요트 크루즈, 제트스키, 워터 슬레이드 등 해양 레저 활동을 위한 시설들이 잘 갖춰져 있다. 특히 다도해 크루즈 코스를 이용하면 부근 형제섬과 면섬을 항해하며 해상 일출이나 일몰을 감상하고 프라이빗 비치에서 연인이나 가족들과 함께 소중한 추억을 쌓을 수 있다.

오션스파랜드에서는 청정무구한 증도의 자연과 함께 쌓인 피로를 말끔히 풀 수 있다. 증도 바닷물을 직접 끌어올려 사용하는 해수탕은 게르마늄 성분이 다량 함유되어 있어 스트레스 해소와 자연 치유력을 높여주며 해수와 유황, 아로마 스파를 결합한 해수찜도 피로회복에 탁월한 효능을 발휘한다. 소나무 장작을 사용해 온도를 올리는 재래식 방식의 전통불한증막은 오션 스파랜드만의 자랑거리이다. 리조트 내에서 증도 세발뻘낙지와 무안 양파 한우, 홍어삼합, 증도 병어 등 맛깔스러운 남도의 먹거리들을 맛볼 수 있다.

⊠ 전라남도 신안군 증도면 우전리 233-42 ⓦ객실 요금은 타입별(16만3,000원~)로 다양하며 사전 예약은 필수다. 2인 조식 뷔페가 무료로 제공된다. ☎061-260-3300, 1544-8865

엘도라도 리조트 전경　　엘도라도 리조트 입구

02 초요기를 올려라 진도

조선 시대 전쟁터에서 대장이 장수들을 부르거나 지휘하던 군기를 초요기라고 부른다. 임진왜란 당시 진도 앞바다에는 나라를 구하기 위해 나선 민초들의 결의로 가득 찬 초요기들이 수도 없이 올랐다. 그곳에서 이순신 장군이 이끄는 수군은 단 13척의 함대로 무려 133척에 이르는 일본 함선을 대파한 명량대첩을 일궈냈다. 지금도 울돌목에 서면 그 때 그 승리의 함성이 들려오는 듯하다.

전라 우수영 명량대첩 테마공원

명량대첩을 기념하기 위해 세워진 테마공원으로 당시 치열했던 해전이 있던 울돌목이 바로 지천이다. 진도대교를 건너기 바로 전 길목에 자리해 있으며 다리를 건너면 진도 녹진이다. 이곳에 서면 굴곡이 심한 암초 사이를 빠른 급류를 타고 흐르는 파도 소리가 귓가에까지 우렁차게 울려 퍼진다. 울돌목 바다가 만들어내는 회오리바람 같은 소용돌이도 눈으로 직접 확인할 수 있다. 바다 한가운데 만들어지는 소용돌이는 바라보는 것만으로도 간담이 서늘해진다.

넓은 부지에 조성된 테마공원은 명량대첩비와 충무공 영정이 봉안된 충무사, 임진왜란 관련 자료들을 볼 수 있는 전시관, 전망대, 어록비, 쇠사슬 감기 틀 등 당시를 추측해볼 수 있는 거리들이 많다. 어록비에는 '죽기를 각오하고 싸우면 살고 살길만을 찾고자 하면 죽는다'는 필사즉생(必死卽生) 필생즉사(必生卽死)의 내용이 담긴 난중일기의 일부가 기록되어 있다. 우수영 앞 바다에는 고뇌하는 이순신 상도 세워져 있다. 해안가에 이어진 성곽을 따라 걸으며 역사 속 장면들을 떠올려 보는 것도 생생한 체험이 된다.

✉ 전라남도 해남군 문내면 학동리 Ⓦ 어른 1,000원
⌛ 09:00~18:00 ☎ 061-530-5541

공원안에 세워진 명량대첩비

바다의 울음소리 울돌목 t!p

'바다가 운다'는 뜻을 지닌 울돌목은 우수영과 녹진을 잇는 좁은 해협으로 이순신 장군이 명량대첩을 승리로 이끈 곳이다. 해협 넓이는 300m 정도지만 곳곳에 암초가 많은 데다 유속이 11.5노트(약 24km)에 달할 정도로 물살이 빨라 바다 한가운데 이로 인한 소용돌이가 생성되어 있다.

소용돌이 주변으로 마치 바다가 울음을 터뜨리는 것과 같은 굉장한 소리가 난다. 임진왜란 당시 이 같은 지형적 특징을 잘 모르는 왜선들은 수적으로 앞서 있음에도 불구하고 이순신 장군이 치밀하게 짠 전략에 속수무책으로 당할 수밖에 없었다.

1, 2 진도 이순신 승전 광장 3 녹진 전망대에서 바라본 진도대교 전경 4 남도석성 5 용장산성

진도 이순신 승전광장

진도대교 건너편에는 이순신 승전광장이 조성되어 있다. 광장 앞마당에는 거대한 이순신 장군 동상이 울돌목 바다를 내려다보며 서 있다. 지금이라도 당장 큰 소리로 호령하며 나설 것 같은 모습이다. 용틀임 같은 거친 파도 소리를 내며 세차게 흐르는 바다 위에서도 이순신 장군은 신출귀몰하며 왜선들을 무찔렀다. 승전광장에 서면 목숨을 바쳐 나라를 구하고자 했던 그의 충절이 마음 속 깊이 와 닿는다.

이순신 동상이 서 있는 곳부터 해안을 따라서는 나무 데크가 설치되어 있다. 바다 위로 길이 나 있어 색다른 운치를 느끼게 한다. 중간쯤에는 거북선 모양을 본 뜬 전망 포인트가 마련되어 있다. 연인이나 가족들과 기념사진 찍기에 좋다. 승전광장을 좀 더 재미나게 즐기려면 매월 둘째주, 넷째주 일요일에 찾는 것이 좋다. 이곳 해상무대에서 오후 4시부터 강강술래, 씻김굿 같은 민속 예술 공연이 무료로 펼쳐진다. 공연 마지막 시간에는 관객들과 함께 하는 어울림 마당도 열린다.

진도의 상징 진도대교

진도로 통하는 관문인 진도대교는 1984년 제 1교가 먼저 개통되었다. 진도대교는 길이 484m에 폭 11.7m 되는 사장교로 다리 너머로 지는 석양과 밤하늘 조명을 밝힌 야간 경관이 아름답다. 2005년 12월에 제 1교와 나란한 형태로 제 2 진도대교가 건립되었으며 진도를 대표하는 상징으로 자리매김하고 있다. 명량대첩 축제 기간에는 다리 하나가 전면 통제되며 그 위에서 다양한 행사와 체험 이벤트들이 펼쳐진다.

신비스러운 진도대교
녹진 전망대

진도대교를 건너 언덕을 따라 조금 올라간 곳에 녹진 전망대가 있다. 전망대에 오르면 울돌목 위를 가로지르는 진도대교와 그 너머 해남군 일대까지 시원하게 내려다보인다. 진도대교 아래로는 하얀 거품을 내뿜으며 소용돌이치는 울돌목의 바다가 한 눈에 잡힌다. 운무가 가득 낀 날이면 진도대교와 불쑥불쑥 튀어나온 반도 지형이 안개에 휩싸여 구름 위에 떠 있는 것처럼 신비스럽게 보인다. 걸어서 올라가기는 조금 힘들다. 전망대까지 도로가 잘 닦여 있으며 주차 시설을 갖추고 있어 편리하게 이용할 수 있다. 주차는 무료다.

✉ 전라남도 진도군 군내면 녹진리 산2-78

명량대첩의 승리를 담은
이충무공 벽파진 전첩비

향토문화유산 제 5호로 지정된 이충무공 벽파진 전첩비는 진도 지역민들이 작은 정성들을 모아 만든 기념비이다. 가로 14m, 세로 18m 높이로 세워진 전첩비에는 명량대첩을 이룩한 당시의 역사가 적혔다. 또한 명량해전의 승리를 기념하고 당시 순국한 참전민들을 위로하기 위한 의미가 담겨 있다. 시인인 노산 이은상 선생이 비문을 짓고 진도 출신 서예가인 소전 손재형 선생이 글씨를 썼다.

✉ 전라남도 진도군 고군면 벽파리 682-4

> **또 다른 호국 유적지 용장산성 & 남도석성** · t!p
>
> 진도는 고려시대 몽고군에 대항한 삼별초 항쟁의 근거지이기도 하다. 용장산성(군내면 용장리 106)과 남도석성(임회면 남동리 149)은 이들의 항쟁 역사가 남아 있는 유적지로 함께 들러볼 만하다. 삼별초 배중손 장군이 여몽연합군과 격전을 벌이다 최후를 맞은 것으로 전해지는 남도석성은 성의 길이가 610m, 높이 5.1m로 원형 그대로 보존되어 있다.

1,4 명량대첩 축제의 부대행사 **2,3** 명량대첩 재현극
5 우리 수군에 쫓기는 왜선들. 관람석에서 큰 박수가 터져나온다.

13 vs 133의 기적이 부활하다
명량대첩 축제

매년 10월경이면 해남과 진도 사이 울돌목 바다에는 400여 년 전 역사가 그대로 재현된다. 13대 133의 기적으로 불리는 명량대첩이 다시 부활하는 것이다. 해남군과 진도군이 함께 개최하는 명량대첩 축제는 명량해전의 승리와 민초들의 애국정신을 기리기 위한 한마당이다. 축제 기간 동안 명량대첩 재현극과 강강술래 경연대회, 울돌목 바다 퍼레이드, 위령씻김굿, 만가행진 평화노제 등이 열리며 각종 다양한 공연과 콘서트 무대, 부대행사들이 펼쳐진다.

축제는 진도대교에 초요기를 내거는 것부터 시작된다. 이순신 장군과 수군들을 돕기 위해 자발적으로 나섰던 민초들을 상징하는 깃발들이다. 다리를 건너면서 각 마을마다 특징적으로 꾸민 깃발들을 구경하는 것도 재미난다. 더구나 축제가 해남 우수영 관광지와 진도 녹진 관광지 양쪽에서 진행되기 때문에 두 개 군을 한꺼번에 즐길 수 있는 좋은 기회가 된다. 진도대교 위에서도 각종 이벤트가 펼쳐지며 울돌목 바다를 직접 느껴보려면 거북배 유람선을 이용하면 된다.

축제의 하이라이트인 명량대첩 재현 행사는 당시 역사 속에 들어와 있는 듯 한 착각마저 불러일으킨다. 이들의 격전에 한 시도 눈을 뗄 수 없다. 웅장한 음악과 비장한 성우의 멘트가 극적 긴장감을 더욱 높인다. 새하얀 연기를 뿜어대며 왜선들이 줄행랑을 놓기 시작하면 관람석에서는 울돌목이 내는 소리보다 더 큰 함성과 박수가 터져 나온다. 비록 재현극이기는 하지만 가슴 깊은 곳까지 뭉클한 감동을 전해준다. 해전은 해남과 진도 어느 곳에서건 관람이 가능하다. 각기 다른 방향에서 해전을 관람할 수 있으며 진도대교 위에서도 관람할 수 있다.

◀◀Travel tip

축제 기간에는 진도대교 일대 교통이 무척 혼잡해진다. 해남과 진도에 마련된 축제장 간에 거리가 그리 멀지 않기 때문에 한 곳에 주차시킨 후 걸어서 이동하는 것이 좋다. 굳이 축제를 관람할 것이 아니라면 오히려 이 기간을 피해서 오는 것이 관광지들을 더 여유롭게 돌아볼 수 있다. 해남 우수영 관광단지 안에 숙박시설들이 몇 있으며 진도 쪽에는 약 15분 거리인 진도읍 쪽에 숙박시설을 이용하면 된다.

실제 역사 속 명량대첩

1597년 9월16일 새벽, 해남 우수영과 진도 녹진 사이를 가로지르는 좁은 해협을 타고 133척의 일본 함선이 공격을 해왔다. 비록 이순신 장군에게는 이에 맞서 싸울 함선이 단 13척 밖에 없었지만 전혀 두려워하는 기색이 없었다. 울돌목의 지형 조건을 누구보다 잘 아는 그였기에 침착하고 치밀하게 왜선을 무찌를 계획을 세워놓은 터였다. 수많은 적들에게 포위된 채 격전을 벌이면서도 승리의 희망을 놓지 않았던 우리 수군은 기다렸던 조수가 썰물로 돌아서자 일제히 반격에 나서기 시작했다. 힘찬 함성 소리와 울돌목이 내는 우렁찬 소리까지 합세하니 기세가 꺾인 왜군들은 도망가느라 바빴다. 이 때 화포를 맞거나 소용돌이에 휩싸여 대파된 왜선이 31척, 전함으로 기능을 상실한 배들만도 92척에 달했다. 세계 해전 사상 유례를 찾아보기 힘든 기적과도 같은 대 승리, 명량대첩은 역사에 길이 남아 있다.

03 공룡과 함께 하는 시간여행

섬들이 점점이 흩어진 여수 앞바다는 언제나 고요하기만 하다. 마치 1억 년 전 이곳에 포효하던 공룡의 울음소리들을 영원히 잠재워 놓겠다는 듯이. 여수의 섬 가운데는 그 옛날 공룡이 활개 치며 다녔던 흔적들이 고스란히 남아 있는 곳이 있다. 사도 주변은 오래전 이곳을 무대로 활동했던 수많은 공룡들의 발자국 화석이 남아 있다. 당장에라도 공룡들이 뛰쳐나올 것 같은 그곳, 여수 안에 꼭꼭 숨겨진 '주라기 공원'을 찾아가보자.

사도

여수 앞바다에서 멀지 않은 곳에 떠 있는 작은 섬 사도. 마치 모래로 쌓은 섬 같다하여 '사도'로 불리는 이 섬은 한국판 '쥬라기 공원'을 표방한다. 20여 가구가 옹기종기 모여 사는 섬을 한 바퀴를 도는 데는 약 30~40분 정도밖에 걸리지 않을 만큼 작지만 이곳에서 발견된 공룡 발자국 화석 수는 어마어마하다. 사도를 중심으로 추도와 낭도, 목도, 적금도에서 총 3,800여 점의 공룡 발자국들이 발견되었다. 사도 일대가 크게 주목을 받는 이유는 화석의 수 뿐만이 아니라 형체를 알아볼 수 있을 만큼 비교적 뚜렷하게 찍힌 선명함 때문이다. 덕분에 전문가가 아닌 일반인들도 쉽게 공룡 발자국을 찾을 수 있다. 섬 구석구석 마치 미지의 세계를 탐험하듯 몇 만 년 전에 살았던 공룡의 발자취를 찾아가는 재미가 쏠쏠하다. 실제 공룡 발자국 화석 산지에 가면 갖가지 다양한 발자국 흔적들을 발견할 수 있다. 현재 사도에 분포된 공룡 화석산지는 천연기념물 제434호로 지정되어 보호받고 있다.

사도는 섬 곳곳에 공룡을 테마로 한 자연 학습장이 조성되어 있어 아이들과 학습을 겸한 나들이 코스로 좋다. 마치 외딴 섬에 조성된 영화 속 촬영지 같은 분위기이다. 해안가 절벽을 따라 난 산책길도 운치가 있으며 사도와 연결된 다리가 놓인 중도와 증도도 함께 둘러볼 만하다.

- **10분** 사도 선착장 곤룡안내센터
- **30분** 공룡 체험 교육장
- **20분** 해안산책로
- **30분** 공룡 발자국 화석 산지
- **30분** 중도, 증도 곤람
- **15분** 사도 해수욕장

1, 2 공룡체험교육장의 공룡 모형 **3** 섬 입구

✉ 전라남도 여수시 화정면 낭도리 사도
● 워낙 작은 섬이라 어디든 걸어서 20~30분 정도면 도착하며 차는 다니지 않는다. 섬 내에 민박 외에 다른 편의시설들은 없으며 비수기 시즌에는 식당도 문을 열지 않는 편이어서 필요한 물품들은 미리 준비해 가는 것이 좋다.

공룡 체험 교육장

선착장에 닿자마자 거대한 티라노사우루스 두 마리가 금세 서로 잡아먹을 것처럼 으르렁 거린다. 사도에 도착하면 가장 먼저 맞이하게 되는 풍경이다. 공룡 모형 주변으로는 푸른 바다와 아열대 나무들이 펼쳐져 진짜 공룡 섬에 온 느낌이 난다. 관광안내센터 또한 '주라기 공원' 의 안내센터를 연상시킨다. 단 비수기에는 운영되지 않는다. 관광안내센터 뒤편 해안가에 조성된 공룡 체험 교육장은 좀 더 으스스한 분위기다. 울창하게 자라난 수풀들 사이로 크고 작은 공룡 모형들이 서 있고 여기저기 흩어져 있는 공룡 발자국들도 마치 진짜 같다. 이곳에 전시된 발자국들은 실제 화석층을 본떠 만든 것으로 모형마다 어떤 공룡의 것인지 자세히 설명되어 있다. 이곳을 먼저 둘러본 뒤 화석 산지에 가면 좀 더 쉽게 공룡 발자국을 찾을 수 있다.

해안 산책로

공룡 체험 교육장을 출발해 산책하듯 해안가를 따라 섬을 한 바퀴 둘러보자. 해변가 바위에 부딪히는 파도 소리를 들으며 여유로운 시간을 보내기 좋다. 해안 절벽으로 난 산책로를 걸으면 나뭇가지들 사이로 푸르게 펼쳐진 바다와 깎아지를 듯이 선 섬 귀퉁이가 살짝살짝 엿보인다. 긴 세월 동안 겹겹이 쌓인 절벽의 지층 구조도 신비롭고 그 아래 투명하게 비치는 바다의 속살도 아름답다. 절벽 아래 사도 앞바다는 오래 전부터 그 모습 그대로였다는 양 쉼 없이 넘실댄다. 숲 속 오솔길로 이어진 산책로는 이름 모를 들꽃들과 곤충들로 더욱 원시림처럼 느껴진다. 오솔길을 내려오는 길에 중도로 건너가는 사도교 전경을 한 눈에 내려다볼 수 있다. 산책로 끝은 공룡 발자국 화석산지와 이어진다.

1 중도로 건너가는 사도교 전경 **2, 3** 공룡 체험 교육장

1, 2 독특한 지층구조를 보이는 화석 산지 3 실제 공룡 발자국 화석을 본뜬 모형
4 우거진 수풀림이 더욱 신비로운 느낌을 들게 한다.

공룡 발자국 화석 산지

산책로를 따라 내려오면 사도교 왼편으로 해안가에 넓게 펼쳐진 화석 산지에 닿을 수 있다. 오랜 시간 동안 갖가지 퇴적물들이 쌓여 이뤄진 이곳의 독특한 지질층은 타임머신을 타고 시간을 거슬러 올라간 특별한 공간이다. 특이한 지형구조와 절벽들, 그 아래 널린 갖가지 발자국 화석들이 과거인지 현재인지 모를 시간 속으로 사람들을 이끈다. 이곳에서 발견된 공룡 발자국 화석 산지는 약 7,000만 년 전인 중생대 백악기 후기에 형성된 것으로 아시아에서 가장 젊은 공룡 발자국 화석지로 꼽힌다. 사전에 공룡 체험 교육장을 다녀왔다면 더 빨리 공룡 발자국을 찾아낼 수도 있다. 삼지창처럼 찍힌 발자국은 대부분 조각류 공룡의 것들이며 간혹 코끼리 발자국 같은 화석들도 쉽게 눈에 띈다. 전시관 유리 너머로만 볼 수 있던 화석들을 직접 찾아다니고 만져볼 수도 있으니 아이들에게 이보다 더 좋은 현장학습도 없다.

중도와 증도

공룡 화석산지 위로 연결된 사도교를 건너면 사도보다 더 작은 섬인 중도와 증도에 닿는다. 이곳에서도 오래전 형성된 수많은 화석들을 만날 수 있다. 바위처럼 딱딱하게 굳은 나무 화석을 비롯해 각종 신기한 화석들이 섬 가득 널려 있다. 특히 시루섬이라 불리는 증도에는 화석들 외에도 볼 만한 기암괴석들이 즐비하다. 거북바위나 얼굴바위, 고래바위, 용꼬리바위 등 이름과 꼭 닮은 바위들이 곳곳에 늘어서 있다.

사도 해수욕장

공룡 발자국 화석산지에서 선착장 쪽으로 발걸음을 조금만 돌리면 오른편으로 사도 해수욕장이 나타난다. 길이 약 2km에 폭 50m 정도 되는 그리 크지 않은 아담한 규모지만 새하얀 비단을 깔아 놓은 듯 고운 모래와 몽돌 자갈이 어우러진 해변은 한적한 주변 환경 덕에 여유로운 분위기가 한껏 묻어난다. 해변 끄트머리에 형성된 모래 언덕 위에 선 소나무는 바다 위에 내걸린 한 폭의 그림 같기만 하다. 특히 해수욕장 주변으로 상업적인 위락 시설 대신 남국의 열대 식물들이 가지런하게 심어져 있어 이국적인 느낌마저 자아낸다. 사도 해수욕장은 아직까지 덜 알려진 까닭에 인파가 몰리는 여름 시즌에도 넉넉한 공간에서 느긋하게 휴식을 취할 수 있다. 수심도 1~2m 정도로 가족 단위 피서객들이 함께 즐기기에 좋으며 야영할 수 있는 시설도 마련되어 있다. 해변에서 이어진 낮은 돌담장 길은 섬 주민들이 살고 있는 작은 마을로 통한다.

> ### 양쪽 바다에서 즐기는 해수욕 t!p
>
> 중도에서 증도로 넘어가는 길목에는 유명한 양면 해수욕장이 있다. 썰물 때마다 중도와 증도 사이에 폭 50m에 달하는 모래사장이 드러나는데 이 모래톱 양쪽으로 바다가 펼쳐져 '양면 해수욕장' 이라는 이름이 붙었다. 어느 쪽이든 해수욕을 즐기는 데 문제는 없다. 이쪽에서 해수욕을 즐기다 싫증나면 다른 쪽으로 옮기면 된다. 그뿐 아니다. 바다 가운데서 증도의 기암괴석들을 감상하는 재미까지 덤으로 얻을 수 있다. 해수욕장을 사이에 둔 긴 모래톱에는 그늘 막이가 될 거리들이 전혀 없기 때문에 사전에 파라솔이나 텐트를 준비해오면 편하다.

서대회

사도는 작은 섬이기 때문에 차가 들어갈 수 없다. 차를 가지고 왔다면 여수여객터미널이나 백야 선착장 부근에 주차시킨 후 배에 오르면 된다. 이른 아침 섬에 들어갈 요량이라면 여수항 부근에서 숙박하는 것이 좋다. 백야 선착장 부근은 숙박시설이 없다. 백야 선착장에서는 나진이나 여수시청 부근 모텔지구까지 이동해야 하며 선착장까지 약 20~30분 정도 걸린다.

사도로 가는 배편은 여수여객선터미널 외에 백야도 선착장에서도 출발한다. 여수여객선터미널은 하루 2회(06:10, 14:20) 여수에서 낭도를 경유해 가는 사도행 여객선을 운항하며 1시간20분 정도 소요된다. 요금은 1만50원. 061-663-0116. 백야도 선착장은 하루 3회(08:00, 11:30, 14:50) 부근 섬을 차례로 기항한다. 사도까지는 1시간10분 정도 걸린다. 요금은 편도 5,000원. 061-686-6655

여수별미
게장정식

여수의 또 다른 별미는 게장 정식이다. 보통 게장하면 값부터 걱정하기 마련인데 여수의 게장 정식은 일단 저렴한 것이 특징이다. 1인분에 7,000원 하는 착한 가격에 풍성한 반찬들까지 만족스러운 식사를 할 수 있다. 이곳에서 사용하는 게는 여수 앞바다에서 잡히는 돌게를 주로 쓴다. 여느 게들보다 작아 보이지만 맛에 있어서 크기는 문제가 되지 않는다. 짭조름한 게장 한 접시면 밥 한 그릇이 뚝딱이다. 곁들여 나오는 반찬들도 맛깔스럽다. 게다가 인심 좋게도 큼지막한 생선구이까지 함께 내어온다. 여수 신항 근처에 게장 거리가 조성되어 있다.

게장정식

쫀득하고 새콤한
서대회

열심히 공룡 탐험에 몰두했다면 다음은 출출해진 배를 채울 차례다. 섬이 많은 여수인만큼 해산물이 풍성한데 그중에서도 서대회는 꼭 먹어 봐야 할 여수의 맛이다. 이곳에서는 생선을 그대로 회 떠 쑥갓과 상추, 양파 등 싱싱한 채소를 듬뿍 넣고 새콤한 양념장에 함께 버무려 먹는다.

쫀득하게 씹히는 회와 아삭한 채소의 식감이 어우러지며 여느 회와는 다른 독특한 풍미를 선사한다. 여수 내 대부분 횟집이나 식당에서 맛 볼 수 있다. 한 접시 1만원.

04 에치탐험(ECHI) 학습관광

에코 관광에 이어 요즘 새로 소개되고 있는 에치 관광은 생태(Ecology)와 역사(History)를 합쳐 만든 신조어로 '역사와 자연 생태 관광'을 가리킨다. 자연 속에서 휴식과 재미난 체험들을 즐기며 역사 지식들도 함께 얻어가는 일석삼조의 효과를 누릴 수 있다. 부산 곳곳에 자리한 에치 관광 포인트들을 하루 코스로 묶었다. 자녀들과 같이 떠나는 생생한 현장 학습 여행, 가족애도 한층 더 두터워진다.

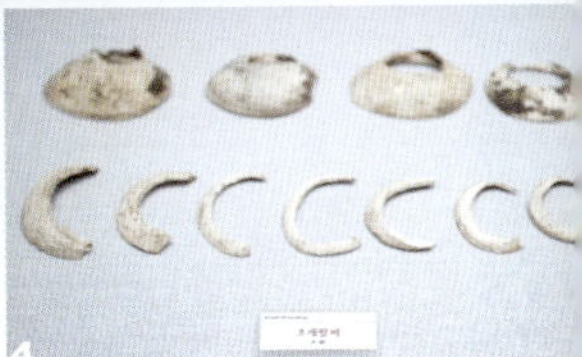

1 입구에서 기념 사진을 찍을 수 있다. **2** 전시관 내부 **3** 독특한 외관의 전시관 건물 **4** 동삼동 패총에서 출토된 유물들

신석기 시대로 출발!
동삼동 패총 전시관

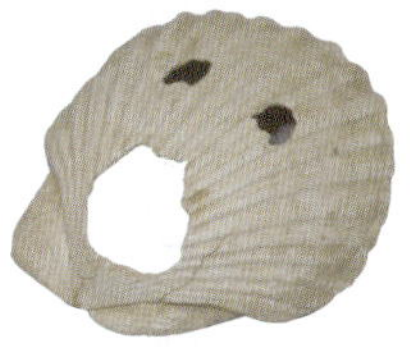

동삼동 패총은 우리나라 신석기 시대를 대표하는 남해안 일대에서 가장 크고 주요한 패총이다. 약 7500년 전 무렵부터 시작해 시간의 흐름에 따라 그 흔적들이 차곡차곡 쌓여 있기 때문에 역사적인 가치도 상당하다. 동삼동 패총은 1930년대부터 조사에 착수, 1960년대 미국 학자들이 부분 발굴을 시도했으며 이후 국립중앙박물관과 부산 복천박물관에서 전지역을 대상으로 한 발굴 작업이 진행되었다. 이곳에서 한반도에서 가장 오래된 독무덤과 조·기장이 발견되었으며 조개팔찌 등 다양한 유물이 출토되어 현재 동삼동 패총 전시관에 소장되어 있다.

동삼동 패총 출토 유물 중 가장 큰 주목을 받는 것이 장신구류이다. 패총에서 발굴된 흑요석은 연구 결과 일본 북부큐슈산으로 밝혀졌으며 반면 동삼동에서만 나는 가무락 조개로 만든 조개팔찌는 일본에서 많이 출토되고 있어 당시 사람들이 서로 교역했음을 알려주고 있다. 동삼동 패총 전시관은 이런 유물들을 차례로 둘러보며 옛 역사에 관한 지식들을 쌓을 수 있는 공간이다. 문화관광해설을 요청하면 좀 더 자세하고 깊이 있는 역사를 배울 수 있다. 해설은 무료이며 관람하는 데 약 30분 정도 소요된다.

✉ 부산광역시 영도구 태종로 1815 ⏱ 09:00~18:00, 매주 월요일(공휴일인 경우 다음날 휴관) 1월1일 휴관 ⓦ 무료 ☎ 051-403-1193

패총이란?

패총은 오래전 조개껍질이 쌓여 만들어진 유적으로 순 우리말로 조개무지 또는 조개무덤이라고도 불린다. 패총의 역사적인 가치는 당시 옛날 사람들의 생활상을 유추할 수 있는 흔적들이 고스란히 묻혀있다는 것이다. 패총에는 사람들이 먹었던 조개껍질을 비롯해 동물이나 물고기의 뼈, 토기, 석기 등 갖가지 도구와 무덤, 집터, 불 피운 자국 등 주거 흔적까지 남아 있는 경우가 많다. 그 당시 패총은 일종의 쓰레기장이었던 셈이다. 하지만 오늘날에 패총은 먼 옛날 역사적인 사실들을 입증해주는 보물창고나 다름없다.

태종대 유원지

부산을 대표하는 명승지이자 가장 사랑받는 나들이 장소인 태종대 유원지는 에치 관광 코스로도 전혀 손색이 없는 곳이다. 일제 강점기 시절부터 오랜 기간 군 요새지로 지정되어 사람 출입이 적었던 덕에 그 어느 곳보다 깨끗한 환경과 울창한 산림을 지켜오고 있다. 또한 영도등대, 태종사, 모자상 등 이야깃거리가 풍부한 볼거리들이 많다.

전망대

태종대 서쪽 끝자락에 세워진 전망대는 바다 건너 섬이 훤히 내다보이며 부산 앞바다가 시원하게 펼쳐진 광경이 가슴까지 탁 트이게 만든다. 전망대 건물 안에는 편의시설들이 갖춰져 있으며 1층과 2층은 주변 조망을 위한 공간으로 만들어졌다. 전망대 앞에는 대리석으로 만든 모자상이 서있다. 예전 이곳에서 자살을 시도하려던 사람들에게 어머니의 깊은 사랑을 일깨워 다시 삶에 대한 희망을 얻도록 하기 위해 설치한 조형물이다. 우연인지는 몰라도 모자상을 세운 이후로 자살자들의 수가 많이 줄어들었다고 하며 지금은 태종대 최고의 전망을 품은 전망대로서의 역할을 충실히 해내고 있다.

영도등대 해양문화공원 & 신선바위

전망대에서 도보로 10분 정도 더 올라가면 태종대의 명물인 영도등대와 신선바위가 나타난다. 영도등대는 1906년 대한제국 시절 세관공사부 등대국에서 설치한 유인등대로 오래된 세월 속에서도 제 역할을 충실히 해내고 있다. 지금도 여전히 50만 촉광의 빛을 18초 간격으로 비추며 배들이 안전히 돌아올 수 있도록 밤마다 불을 밝힌다.

2004년에는 등대를 재정비하면서 여러 편의시설들을 갖춘 종합해양문화공간으로 새롭게 탈바꿈했다. 전망대와 갤러리, 해양 도서실, 자연사 전시실 등 바다와 문화예술이 공존하는 낭만적인 공간으로 꼭 들러봐야 할 태종대의 필수 코스다.

등대 오른쪽으로는 신선바위로 통하는 길이 이어져 있는데 자연이 아니면 만들어낼 수 없는 기상천외한 기암괴석들이 신비롭기만 하다. 신선바위에 오르면 마치 딴 세상에 속한 것 같은 독특한 풍광들을 만나게 된다.

태종사

순환도로를 한 바퀴 돌아 내려오는 길목에 작은 절인 태종사도 잠시 들렀다가자. 주 도로에서 살짝 샛길로 들어서면 생각지도 못한 곳에 아담한 절 건물이 모습을 드러낸다. 태종사는 1976년에 건립된 사찰로 한적하고 아늑한 분위기이다. 주 도로로 이어진 좁은 계단길을 내려가면서는 잘 가꾸어진 꽃과 작은 수목들을 감상해보자. 이곳에는 스리랑카 정부로부터 기증받은 부처님 진신사리 1과가 봉안되어 있으며 보리수나무 2그루가 자라고 있다.

자연학습관찰로

태종대에서 자라고 있는 갖가지 나무와 야생초를 가깝게 들여다볼 수 있는 공간으로 장미 아치, 나무다리, 산책로 등 자연친화적 시설들로 꾸며져 있다. 태종산 계곡로를 따라 약 300m 정도 걸어가는 동안 맥문동이나 수호초, 털머위, 은방울꽃, 비비추 등 우리 야생꽃들이 소박한 자태를 드러낸다. 관찰로 주변으로 학습에 도움이 되는 해설판이 설치되어 있어 꼼꼼히 읽어본 후 길을 나서면 좋다. 가족 피크닉을 위한 공간도 마련되어 있다.

● 태종대는 워낙 면적이 넓어 그냥 한 바퀴 도는 데만도 1시간이 훌쩍 넘는다. 이곳저곳 천천히 둘러보며 관람하려면 적어도 2시간 이상은 투자해야 한다. 보통 태종대 광장에서 시작해 순환도로를 따라 한 바퀴 돌아오는 방식으로 관람하며 순환관광열차인 누비다를 이용하면 좀 더 시간을 절약하게 된다. 하지만 시간이 넉넉하다면 쉬엄쉬엄 걸어가면서 태종대 구석구석을 둘러보기를 추천한다. 훨씬 많은 배울 거리와 추억 거리들을 담을 수 있다.

✉ 부산광역시 영도구 동삼2동 산29-1
⌛ 04:00~12:00 ⓦ 입장 무료. 주차장 이용 시 1일 소형 1,000원, 중형 2,000원, 대형 3,000원(09:00~18:00 시간 외 주차는 무료) ☎ 051-405-2004

태종대를 누비는 '다누비' 열차　　t!p

태종대 순환열차인 다누비는 태종사, 영도등대, 전망대, 구명사, 태원자갈마당 총 5개 정류장에 정차한다. 정류장을 모두 지나 한 바퀴 돌아오는 데는 약 20분 정도 소요된다. 원하는 장소에서 자유롭게 하차해 명소들을 둘러본 후 다음에 오는 열차에 탑승하면 된다.

⌛ 동절기 09:30~20:00(매표마감 19:00), 동절기 09:30~19:00(매표마감 18:30), 눈, 비(하절기 시간당 5mm 이상) 내릴 시 운행 중지. ⓦ 어른 1,500원, 청소년 1,000원, 어린이 600원(어린이날, 장애인의 날은 무료 승차) ☎ 051-860-7866

1 에코센터 외관 **2** 철새 모형을 본뜬 재미난 망원경
3 날아드는 철새를 감상할 수 있도록 한쪽 벽면을 전부 유리로 마감했다.

부산 철새들의 도래지
낙동강 하구 에코센터

낙동강 하구 지역에 떠 있는 섬 을숙도는 부산에서 소문난 철새 도래지이다. 을숙도 철새공원 안 습지에는 해마다 큰고니, 도요새, 백로 등 수많은 철새들이 날아들며 장관을 이룬다. 신비로운 자연 탐사에 나서기 전 먼저 낙동강 하구 에코센터를 들러보도록 하자. 낙동강 하구 주변의 역사와 문화, 생태 환경들에 관한 심도 깊은 연구들을 재미나게 전시해 어린이들도 쉽게 이해하고 즐길 수 있도록 꾸며놓았다. 특히 2층 전시실 한 쪽 벽면을 전부 유리로 마감해 바깥 인공습지에 날아드는 철새들을 조망할 수 있도록 만들었다. 전시실은 실내이지만 마치 야외 습지에 서 있는 것 같은 생생한 체험을 할 수 있다. 철새 모양을 본떠 만든 망원경들도 아이들의 호기심을 자극하며 자발적인 학습이 되도록 유도한다. 어린이 과학도서와 환경 동화, 생물도감류 등이 비치된 미니 도서관도 적극 이용해보도록 한다. 3층에는 낙동강 삼각주와 을숙도 철새들을 주제로 한 여러 영상물들을 시청할 수 있다. 이 밖에 생물 그림 뜨기나 오리 피리 불기, 조류알 비교하기 등 아이들이 좋아할 만한 체험 프로그램도 운영한다.

철새 보러 떠나요

센터에서 탐방로를 따라 섬 하단까지 내려가면 철새 관찰을 위한 탐조대를 발견하게 된다. 볏짚을 이용해 최대한 자연에 가깝게 만든 탐조대 안에는 망원경이 설치되어 있어 먼 거리의 새들도 눈앞에 있는 것처럼 볼 수 있다. 철새를 관찰할 시에는 새들이 놀라거나 스트레스를 받지 않도록 조심히 행동하며 개방 지역 이외에는 무단출입하지 않도록 한다.
탐조대까지는 버스나 자동차는 일체 출입이 금지되어 있으며 걸어서만 갈 수 있다. 약 1시간 정도 걸린다.

부산광역시 사하구 하단동 1207-2 09:00~18:00(매표는 1시간 전까지), 매주 월요일(공휴일은 그 다음날), 1월1일 휴관 어른 1,000원, 청소년 및 어린이 500원, 초등학생 이하 무료 / 공영주차장 이용 시 최초 30분 300원(이후 10분마다 100원, 1일 주차 2,400원) 051-888-6861

삼락습지 생태원

낙동강 삼락고수부지의 무단경작을 방지하기 위해 1988년부터 조성한 잔디 양묘장은 약 20년이라는 시간이 흘러 여름에는 장마로 잔디가 퇴화되고 평상시에도 유지관리에 많은 인력과 예산이 낭비됐다. 그런데 최근에는 이 일대가 자연 친화적인 습지 생태원으로 재조성되어 훌륭한 자연학습장인

동시에 인근 주민들의 쉼터로 큰 사랑을 받고 있다.
삼락습지생태원에는 50여종의 식물을 키우는 수생식물원과 노랑꽃 창포단지, 야생화원, 논 체험장, 연꽃 식재 생태 연못, 갈대 체험장, 물억새 군락 등 친자연적인 체험거리와 볼거리가 다양하다. 특히 어린이들의 사랑을 받는 공간은 호박 터널. 조롱박, 긴박, 수세미 등 스무 가지가 넘는 관상 호박과 일명 뱀 오이라고 불리는 독특한 식물도 관찰하며 온가족이 녹색 체험을 즐기기 좋다.

✉ 부산광역시 사상구 삼락동 686번지 일원 Ⓦ 무료 ☎ 051-310-3011~7

옛날 옛적 부산에도 공룡이 살았대요
이기대

이기대는 장산봉에서부터 뻗어 나온 바위가 바다를 따라 약 2km 가량 펼쳐진 넓은 암반지대를 통칭한다. 이기대가 자연 생태 학습관광의 명소로 가치가 높은 이유는 크게 두 가지. 먼저 1990년대 초까지만 해도 군사 작전 지역이었던 까닭에 오랜 세월동안 사람들의 출입이 금지되었다. 따라서 희귀한 식물이 잘 보존된 곳이다. 개방 초기에는 대규모의 반딧불이 서식처가 발견되어 큰 화제가 되기도 했다.
또 이곳에서 가장 눈에 띄는 곳은 이기대 전역에 넓게 분포하고 있는 공룡발자국이다. 그 거대한 흔적은 중생대 전기 백악기인 약 9000만년전에 살았다는 대형 초식 공룡인 울트라사우르스의 발자국으로 추정된다. 따라서 이기대는 부산을 생태와 역사 테마로 여행할 때 빼놓을 수 없는 장소다.

✉ 부산광역시 용호동 3동

이기대의 공룡발자국

첨단시스템을 갖춘 이기대

05 다크투어리즘 임진왜란에서 한국전쟁까지

우리 역사 속에서 가장 비극적인 사건을 꼽는다면 조선시대 벌어진 임진왜란과 일제의 침략, 동족상잔의 아픔을 지닌 6.25 전쟁을 들 수 있다. 전쟁은 결코 반복되지 말아야 할 어두운 역사이지만 그렇기에 반드시 기억해야만 하는 현재와 미래를 위한 교훈이기도 하다. 전쟁과 관련된 유적지를 돌아보며 평화의 소중함을 다시 한 번 일깨우게 되는 다크 투어리즘(Dark Tourism)은 희망찬 내일로 가는 피스 투어리즘(Peace Tourism) 이기도 하다.

임진왜란 그 아픔의 흔적
기장왜성

기장 죽성 마을 뒤편 산 언저리에 임진왜란 때 왜군이 쌓은 기장왜성이 남아 있다. 당시 이 지역에 장기간 주둔하면서 조선과 명나라 연합군의 공격을 막기 위해 축성한 것이다. 왜군은 전남 여수부터 울산까지 동남해안을 따라 성을 쌓고 이를 침략 전쟁의 발판으로 삼겠다는 계획이었다.

해안에 접한 이곳을 축성지로 택한 것은 물자 수송과 사령부와의 연락망을 고려했기 때문으로 보인다. 성은 둘레가 약 960m, 높이 약 4m로 3단 방식으로 축조되었다. 성곽 주요 부분은 아직 건재해 보이지만 외곽 부분은 시간이 흘러가면서 많은 면적이 주변 밭이나 민가에 잠식당했다.

성이 세워진 산언덕에서는 저 멀리 바다 건너까지 훤히 내다보인다. 아마도 이곳에 서서 바닷길로 침투해오는 이들을 감시하지 않았을까. 비록 참혹했던 역사의 흔적이지만 기장왜성은 오늘날 우리나라 축성법과 일본식 축성법을 비교 연구하는 데 좋은 자료가 되고 있다.

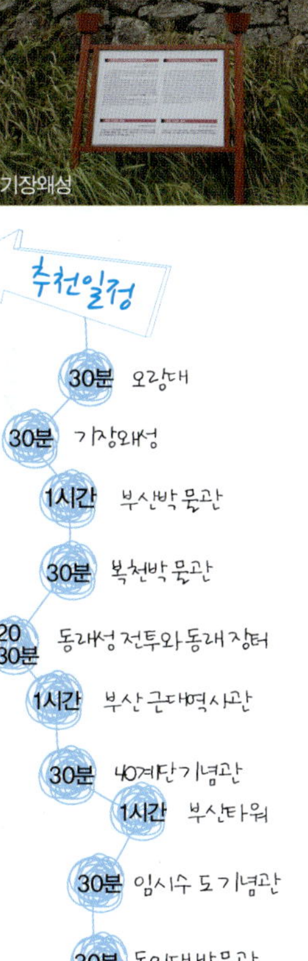
기장왜성

⊠ 부산광역시 기장군 기장읍 죽성리

기장 최고의 명승지
오랑대

대변항에서 차로 조금만 이동하면 바닷가 절벽 위에 위태위태하게 서 있는 작은 정자 건물을 찾을 수 있다. 오랑대라는 이름은 옛날 기장에서 귀양살이 하던 친구를 찾아온 선비 5명이 이곳 절경에 취해 술과 가무를 즐기며 시를 읊었다는 데서 유래했다고 전해진다. 전설이 진짜든 아니든 오랑대가 이 지역 최고 명승지임은 틀림없다.

오랑대에 올라서면 발 아래로 하얗게 포말을 일으키며 출렁거리는 파도가 실감나게 다가온다. 게다가 멀리 보이는 대변항과 바다 전경도 일품이다. 오랑대까지 험한 바위 틈 사이로 바닷물이 넘실거리기 때문에 발밑을 주의해 건너도록 한다. ⊠ 부산광역시 기장군 기장읍 대변리

1 바닷가 위에 세워진 오랑대 **2** 기장왜성으로 올라가는 길 **3** 기장왜성에서 바라다보이는 바다 풍경

부산의 자부심, 잊어서는 안 될 역사
부산박물관

1978년 개관한 부산박물관은 선사시대부터 현대에 이르기까지 부산 전역의 역사와 문화의 모든 것을 잘 알수 있는 가치 높은 유물들이 다채롭다. 그 숫자를 헤아리기도 벅찰 정도로 오래된 시절, 소박한 해양 문명이 꽃 피었던 부산에서부터 영화를 비롯한 문화와 무역의 중심으로서 웅비하는 화려한 부산을 이곳에서 만나게 된다. 특히 외세의 침탈과 전쟁의 상흔을 잊지 말고 기억해야할 역사임을 강조하는 공간도 마련돼있어 눈길을 끈다. 조선시대 임진왜란 당시 동래장터의 풍경, 일제의 부산 지역 수탈, 동양척식주식회사와 개항기를 겪는 질풍노도의 해양도시를 비롯해 민족의 비극적 전쟁 앞에 피란민들로 가득했던 1950년대까지 속속들이 알아볼 수 있다.

✉ 부산광역시 사상구 삼락동 686번지 일원 Ⓦ무료 ⏳09:00~20:00 (1월 1일, 매주 월요일 휴관)
☎ 051-610-7111 🖰 museum.busan.go.kr

가치 있는 유적지로서의 부산
복천박물관

1 부산박물관 2 고대부터 현재까지 부산의 모든 것을 만날 수 있는 부산박물관 3 복천박물관

임진왜란과 한국전쟁을 겪으며 전쟁통 속에서도 서민들의 젖줄 역할을 하던 동래장터는 현재 개조된 건물 시장으로 그 역사성만 안고 현재를 살아간다. 동래시장과 더불어 관람하기 좋은 곳이 인근의 복천박물관이다. 전쟁과 관련된 전시가 있는 것은 아니지만 삼국시대의 대표적 분묘인 동래 복천동고분군과 함께 부산의 역사적 위상을 살펴볼 수 있어 가치가 높다. 박물관 내부에 전시된 삼한 시기의 중요한 유물도 흥미롭다.

✉ 부산광역시 동래구 복천동 50 Ⓦ무료 ⏳하절기(3월~10월) 09:00~18:00, 동절기(11월~2월) 09:00~17:00(월요일 휴관)
☎ 051-550-0311 🖰 bcmuseum.busan.go.kr

부산 근대역사관

부산 근대역사관은 대한민국 제일의 항구 도시인 지금의 부산이 있기까지 어떠한 과정을 거쳐왔는지 여러 가지 전시를 통해 재미있고 자세하게 소개한다. 2층의 제 1전시실은 1876년 개항 후 어촌 마을에서 근대 도시로 빠르게 발전해온 한 부산의 역사를 집중 조명한다. 당시 제작된 부산관광안내도나 부산상공회의소 월보 등 역사적인 자료들이 다수 전시되어 있다. 3층 제 2전시실은 일제가 부산의 근대화 과정에 어떤 식으로 개입하고 쌀과 물자들을 수탈해 갔는지 일목요연하게 정리했다. 광복 후 한미 관계를 살필 수 있는 자료들도 전시되어 있다. 특히 부산의 근대거리 코너는 가장 인기가 많은 곳이다. 일제 강점기 시대 부산의 중심지였던 대청동 일부 거리를 소품 하나까지 똑같이 재현해 놓아 보는 재미에 공부하는 재미까지 듬뿍 얹어준다. 과자점, 잡화점, 세탁소 등 실제 영업 점포들이 있던 현재 위치들이 적혀 있어 관람 후 그곳을 찾아가 보는 것도 생생한 현장 학습이 된다.

✉ 부산광역시 중구 대청로 99 ⓦ 무료 ⌛ 09:00~18:00, 매주 월요일(공휴일인 경우 다음날), 1월1일 휴관
☏ 051-253-3845 🖱 modern.busan.go.kr

1

2

3

1 당시 소품들 하나까지 그대로 재현돼 있다. **2** 부산의 근대 역사가 일목요연하게 정리되어 있다. **3** 옛 부산 풍경을 배경으로 기념사진을 찍어보자.

건물에 얽힌 역사 t!p

아이러니하게도 부산 근대역사관 건물은 일제 강점기 시기 동양척식주식회사 부산지점이었던 곳이다. 이후 해방 정국을 거쳐 1949년부터는 미국해외공보처 미 문화원으로 사용되었으며 1982년 부산 미 문화원 방화 사건이 벌어지면서 세계적인 주목을 받기도 했다. 부산에 뿌리내린 외세의 상징처럼 여겨지던 이 건물은 약 70년 만에 완전히 부산 시민들의 품으로 돌아왔다. 역사의 소용돌이에 서 있던 건물은 2003년 후대들에게 부산의 근현대사를 알리고 교육하는 공간으로 재탄생되었다.

40계단 기념관

6·25 전쟁 당시 동광동 40계단 일대에는 피란민들의 허름한 집터 가 빽빽하게 들어섰다. 이곳은 그들의 치열한 삶터이자 연명할 물 자를 구하던 장터였으며 헤어진 가족을 그리워하고, 찾고, 상봉하 던 만남의 광장이었다. 이처럼 40계단 기념관은 피란민들의 슬픔 이 묻어나는 공간이다. 따라서 이곳에는 한국전쟁 그 자체보다 피 란민들의 삶을 집중 조명한다. 6층 건물의 5~6층을 전시 공간으로 사용한다. 5층 상설전시실에는 한국전쟁 당시 부산의 사회 모습과 40계단 주변의 생활상을 보여주는 흑백사진과 당시 미군 전투식량, 구호 물품 등 생활용품이 전시돼 있다. 6층 특별전시실에선 닥종이 작품으로 당시 생활상을 묘사한다.

✉ 부산 중구 동광동 5가 44-3 ⓦ무료 ⌛토, 일요일 10:00~17:00 (월요일 휴관) 10:00~18:00 ☏ 051-600-4041

40계단 기념관

40계단

부산 타워

용두산 공원 정상에 우뚝 솟아 있는 부산타워는 해발 69m, 지상 120m의 높이를 자랑한다. 격동의 시기를 지나 평화를 누리는 부산 의 여유로움이 이곳에 투영되어 있다. 등대를 형상화 한 부산타워는 약 45층 높이의 전망대까지 단 45초 만에 올라간다. 전망 엘리베이 터를 타면 스카이라운지인 하늘카페에서 내리며 한층 더 걸어 올라 가면 망원경이 갖춰진 전망대에 닿는다. 전망창 너머로 바다와 산, 항구와 도시가 조화를 이룬 부산 전경이 360° 파노라마로 펼쳐진다. 역동적인 도시 모습이 새 시대의 밝은 미래를 준비하는 움직임처럼 감동을 준다. 전망 포인트마다 어떤 곳인지 자세하게 설명이 되어 있 어 주요 지역들을 쉽게 찾을 수 있다. 전망대를 한 바퀴 돌아본 후에 는 아래층 카페에서 마음에 드는 전망 포인트에 앉아 느긋하게 경치 를 감상하는 여유를 잊지 말자. 스카이라운지에서 내려오면 타워와 나란히 자리한 팔각정 2층의 세계민속악기박물관이 기다리고 있다.

전망대에 설치된 망원경

등대를 형상화 한 부산타워

✉ 부산광역시 중구 광복동 2가 1-2 ⓦ전망대 4,000원, 세계악기박물관 2,500원, 동시 할인권 5,000원 ⌛전망대 관람시간 09:00~22:00(매표 마감은 21시45분), 연중 무휴 / 세계민속악기박물관 10:00~18:00, 매주 월요일 정기 휴관 ☏ 051-245-1066 🖥www.busantower.org

임시수도 기념관

1950년 한국전쟁이 발발하면서 이승만 정부는 부산으로 수도를 임시 이전했다. 서울이 수복되어 다시 이전하기까지 약 3년 간 이승만 대통령은 당시 경남도지사 관사였던 이곳 임시수도 기념관에 머무르며 집무를 수행했다. 이승만 대통령이 떠난 뒤 건물은 다시 경남도지사 관사로 복귀했으며 경남도청이 창원으로 이전된 이후 부산시에서 건물을 매입해 1984년 지금의 임시수도 기념관으로 개관했다. 빨간 벽돌의 2층 양옥 건물과 잘 가꾸어진 정원수들은 전쟁이 일어난 지 벌써 60년이 지나버린 세월의 간극을 그대로 반영하고 있다. 내부는 대통령 관저 당시의 실내 구조와 분위기를 그대로 재현해 놓았다. 2층 전시실에는 전쟁 유물 및 이승만 대통령 유품들을 전시하고 있고 회상의 방에서는 임시 수도였던 부산과 관련한 영상물들을 상영한다.

✉ 부산광역시 서구 대학2로 43 ⏳ 09:00~18:00, 매주 월요일(공휴일인 경우 다음날), 1월 1일 휴관 Ⓦ 무료 ☎ 051-244-6345 🖐 mounment.busan.go.kr

1,2 기념관 내부 모습 **3** 이승만 대통령 모형

동아대 박물관

동아대학교 부민캠퍼스 내에 위치한 동아대 박물관은 한국전쟁 당시 임시수도 정부청사로 쓰였던 건물이다. 등록문화재 제 41호로 지정된 박물관 건물은 일제 강점기에 경상남도청을 부산으로 옮겨오면서 건축한 것으로 일본의 대륙 침략의 전초기지로 활용되었다. 또한 6.25 때는 임시수도 정부청사로 사용된 우리나라 근대사를 훑고 지나간 역사적 장소이다. 국보급 문화재를 포함해 약 3만 여 점의 역사 유물을 소장하고 있는 동아대 박물관은 2009년 구덕캠퍼스에서 지금의 이 건물로 이전 되어왔다. 보물인 안중근 의사의 사유묵도 소장하고 있다.

✉ 부산광역시 서구 부민동 2가 1번지 동아대학교 박물관 ⏳ 09:30~17:00(30분 전 입장 완료), 국경일 공휴일, 일요일 휴관 Ⓦ 무료 ☎ 051-200-8493 🖐 museum.donga.ac.kr

06 부스럭부스럭 길따라 스토리텔링 만들기 부산

어느 여행길을 가든 그곳만의 다양한 이야깃거리들이 숨어 있기 마련이다. 어떤 곳은 심금을 울리는 러브 스토리, 또 어떤 곳은 뼈아픈 옛 역사가 새겨져 있어 현재를 살아가는 우리들에게 좋은 가르침을 주기도 한다. 때때로 드라마나 영화 속 무대로 새로운 이야기가 덧입혀진 곳들도 지나게 된다. 길을 따라가다 마음에 드는 곳을 만났다면 그 공간에 나만의 이야기를 담아내 보자. 세상에 둘도 없는, 나만을 위한 멋진 여행길이 된다.

1 왼편부터 나란히 월드컵 등대, 마징가 등대, 태권V 등대 **2** 젖병등대 뒤로 보이는 빨간색 조형물이 닭벼슬 등대다.

세상에 이런 등대도 있다?!
기장 등대

마징가 등대, 로봇 태권V 등대, 월드컵 등대, 젖병 등대…. 세상에 이런 등대가 과연 있을까? 정답은 있다! 기장을 대표하는 항구인 대변항은 이 같은 독특한 등대들로 유명하다. 세계 최초로 꼽히는 젖병 등대는 해안을 따라 식당들이 늘어서 있는 포구 끝자락에 자리해 있다. 멀리서 봐도, 가까이서 봐도 이름 그대로 젖병 모양이다. 생명 탄생을 기념하고 저출산 시대 출산을 장려하는 의미를 담아 건립된 젖병 등대는 겉면이 타일로 마감된 것이 특이하다. 눈여겨봐야 할 것은 부산 지역에서 태어난 만 2세 이하 아기들의 손과 발 도장을 찍어 만든 타일이라는 점. 등대 꼭대기에 얹어진 꼭지 모양 지붕은 젖병 등대를 더욱 사실감 있게 만든다.

젖병 등대 맞은편에는 닭벼슬 등대가 있다. 멀리서보면 마치 빨간 미끄럼틀처럼 보이기도 한다. 이 등대는 관직과 성공을 의미한다. 등대 전망대로 오르는 계단이 마치 성공으로 가는 길처럼 보이기도 한다. 일반적인 등대와는 전혀 다른 모습을 하고 있어 다른 조형물로 착각하기 쉬우니 주의할 것.

포구 반대편에도 특별한 등대들이 있다. 2002년 월드컵 성공개최와 4강 진출을 염원하며 세워진 월드컵 등대는 TV에도 여러 번 소개되었던 유명한 등대다. 마치 등대가 축구공을 품에 안고 있는 모습이다. 그 뒤로 마징가 등대와 태권V등대가 나란히 보인다. 2005년 대변항의 번성을 기원하는 뜻을 담아 세운 것으로 사실 천하대장군을 형상화 해 만든 등대다. 공식 이름은 '대변외항 남방파제등대'. 하지만 멀리 보이는 모습이 마징가 로봇과 닮아 마징가 등대라는 애칭으로 더 많이 불린다. 이후 짝을 이루기 위해 지하여장군 등대를 설치한 것이 태권V등대가 되었다.

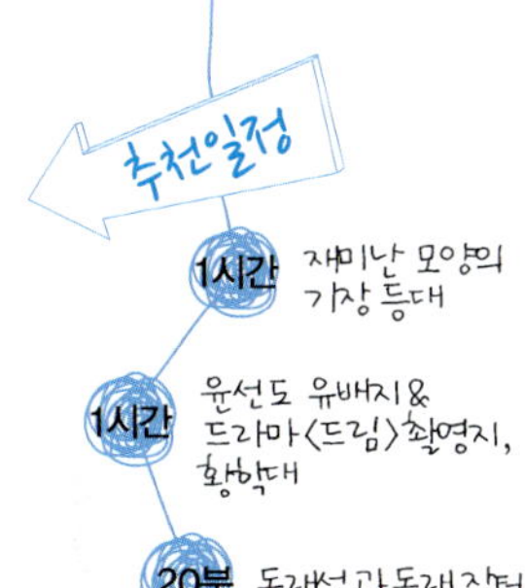

동래 지역 연계 여행 스폿

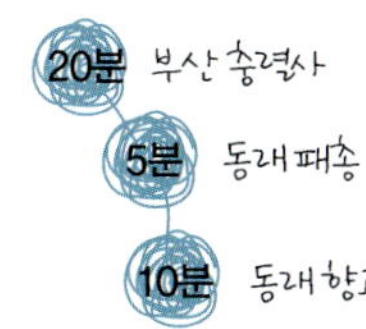

역사 속에 묻힌 윤선도 유배지
황학대

부산 기장의 작은 포구인 죽성리 해안가 끄트머리에 고산 윤선도에 관한 잘 알려지지 않은 역사의 한 조각이 남아 있다. 조선시대 3대 가인(歌人)으로 손꼽히는 윤선도 는 16년 간 함경도 경원을 비롯해 여러 지역에서 유배생활을 했는데 이곳 기장에서 가장 긴 시간을 보냈다. 그가 7년 간 기장에서 귀양살이를 했음에도 불구하고 이 같은 사실은 역사의 뒤안길에 묻혀 제대로 알려져 있지 않다. 포구 바다 쪽으로 뻗어난 작은 바위만이 역사 속에 묻힌 이야기를 전해주고 있다.

마을에서 바다 쪽 방파제로 가는 길목에 야트막하게 솟은 작은 바위 언덕을 지나게 되는데 바로 윤선도가 유배 시절 자주 찾았다는 황학대이다. 윤선도는 이곳을 중국의 이태백, 도연명 등 유명한 시인들이 풍류를 즐기던 양자강 하류의 황학루에 비유했다. 수십 그루의 노송들이 자라난 바위 언덕에 올라 바다를 바라보며 그는 자신의 처지를 위로하고 달랬으리라. 아마도 갈매기와 파도 소리가 그의 좋은 벗이 되어주지 않았을까. 지금도 그곳에 가면 윤선도의 시 읊는 소리가 바람을 타고 들려오는 듯 하다.

✉ 부산광역시 기장군 기장읍 죽성리 30-26

1 고산 윤선도 선생이 유배시절 자주 찾았다는 황학대
2 황학대 옆에 세워진 작은 사당

드라마 '드림' 세트장

황학대에서 도보로 몇 분 안 되는 거리에 드라마 〈드림〉 세트장이 보인다. 주진모와 김범, 손담비가 주연을 맡았던 〈드림〉은 천재적인 재능을 지닌 스포츠 에이전트와 인생막장의 이종격투기 선수가 좌충우돌하며 K-1에서 성공하는 이야기를 담고 있다. 바닷가 바위 위에 세워진 드림 세트장은 주인공이 지옥훈련을 했던 장소로 드라마 마지막 장면도 이곳에서 촬영되었다. 푸른 바다와 새하얀 구름이 어우러진 낭만적인 풍경이 연인들이 데이트 장소로도 손색이 없다. 세트장 안에는 주인공들의 핸드 프린팅과 드라마에 쓰였던 소품들이 전시되어 있다.

1 현재는 건물시장으로 바뀐 동래시장 2 전통혼례 체험 3 동래파전

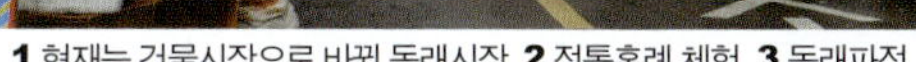

동래읍성 역사축제로 생생하게 느낀다!
동래성 전투와 동래장터

매년 10월경 열리는 동래읍성 역사축제는 부산을 대표하는 향토축제다. 임진왜란 상황을 재현하고 끝까지 항전했던 송상현 부사와 동래읍성 백성들을 기리며 전쟁을 기억하기 위한 독특한 스토리텔링으로 여행자들의 호기심을 유발한다. 이 축제는 동래읍성 북문광장, 동래문화회관, 온천장 등에서 조선시대 생활상과 임진왜란 당시 전투 상황을 체험할 수 있다. 동시에 동래의 명물인 온천과 이순신 장군의 숨결이 살아있는 부산 충렬사, 부산 지역의 오래된 역사를 알 수 있는 동래 패총 등을 엮어 다채로운 일정으로 즐길 수 있다. 동래읍성 역사축제는 2009년 대한민국축제박람회에서 최우수축제로 선정되기도 했다.

역대 최대 규모로 열렸던 2010년 축제에서는 동래성 전투를 뮤지컬 방식으로 재현해 전문연기자와 무술인이 실감나는 음향과 소품을 이용하며 흥미로운 한편의 극으로 꾸며 호응을 얻었다. 또한 이 축제에서는 부산을 대표하는 대동놀이인 동래줄다리기를 비롯해 온천수의 영구분출과 지역의 무사안녕을 기원하는 온천 용왕제 길놀이 등 볼거리, 즐길거리가 풍성했다.

축제 때마다 큰 인기를 끄는 것은 당시 생활을 엿볼 수 있는 동래 장터. 이곳에서는 '동래통보' 엽전으로 동래파전을 비롯해 막걸리, 동래 쑥굴레떡, 뻥튀기 등 이 지역의 명물 먹을거리도 사 먹을 수 있다. 뿐만 아니라 임진왜란 당시의 조선군과 왜군의 전투복을 입어볼 수 있으며 전통 혼례도 재현돼 역사교육 체험형 축제로 가족여행자는 물론 어른들도 유쾌하게 즐길 수 있어 더 좋다.

✉ 부산 동래구 동래문화회관 일원 ☎ 051-200-8493 🖰 festival.dongnae.go.kr

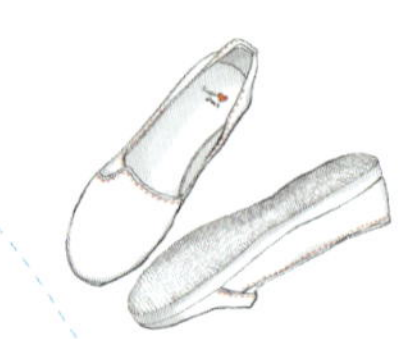

걷기만 해도 행복한 그 길
부산 해안 갈맷길 700리

최근 제주 올레길, 지리산 둘레길을 비롯해 전국에 걷기 열풍이 대단하다. 자연과 문화 그리고 역사가 살아 숨쉬는 부산에도 탄성을 절로 자아내는 '명품길'이 많다. 부산시가 추천하는 숲길, 해안길, 강변길 등의 코스만 해도 21개. 그중 해안길 여섯개 코스는 최근 '부산 해안 갈맷길 700리'로 엮어 부산의 명물로 떠오르고 있다. 최치원 설화가 있는 해운대, 동해안 별신굿으로 유명한 기장, 청사포의 망부송 전설, 일제 및 한국전쟁의 이면사를 알 수 있는 북항과 남항 일대, 바다 곳곳에서 만나는 생동감 넘치는 어촌 풍경까지…. 이야기가 묻어나는 갈맷길을 걷는 발걸음은 마냥 즐겁기만 하다.

암남공원 - 절영로 - 태종대길

암남공원에서 출발하면 해안을 따라 잘 조성된 목재 산책로를 이용해 송도 해안산책로로 걸으면 된다. 국내 최초의 해수욕장인 송도해수욕장을 지나 최근에 개통된 남항대교를 통과하게 되는데 그 아름다운 전망 또한 놓치지 말 것. 그림자조차 끊어버릴 정도로 빠르다는 의미를 가진 절영마(絶影馬)를 타듯이 절영 해안 산책로를 지나면 중리산과 태종대가 연속으로 나오며 도보 여행자의 눈길을 사로잡는다. 장승과 돌탑, 출렁다리, 장미터널, 파도광장, 무지개 분수대 등이 번갈아 출현하며 지루할 틈을 주지 않는다. (10km, 3시간)
✉ 시작점인 암남공원은 시내 버스 9-1, 71번 이용

장림 - 다대포 - 두송반도 길

장림 동아제과 앞에서 출발하는 코스로 다대 홍티 고개까지는 숲 길을 이용하고 일부 구간은 인도로 간다. 홍티 고개에서 보덕포를 넘는 길에서는 낙동강 하구의 뛰어난 경관을 감상하기 좋다. 응봉 봉수대에서는 사하 일원의 다대포 해수욕장, 몰운대가 한눈에 들어온다. 이 코스에서 주요 볼거리는 다대포 꿈의 낙조분수, 몰운대 낙조 전망대, 몰운대, 화손대, 야망정, 두송반도 동백꽃 군락지, 백악기 퇴적층 등이 있다. (19.5km, 약 9시간)
✉ 1호선 신평역에서 내려 장림 동아제과 앞에서 출발. 종료점인 감천사거리에서는 시내버스(6, 16, 17, 61, 161번) 이용

광안리 - 이기대 - 자성대길

광안리 해수욕장에서 출발해서 자연생태의 보고인 이기대를 돌아 자성대까지 걷는다. 광안리에서 남천동까지는 도심 길을 걸어야 하는데 다행히 용호동부터는 호젓한 해안길이 나오니 안심하자. 울창한 숲과 아름다운 바다뿐 아니라 독특하게 공룡발자국까지 있는 이기대 해안산책로에서는 광안대교, 동백섬, 해운대가 보인다. 곳곳에 영화 〈해운대〉의 촬영 장소 표지판이 나오니 기념촬영도 잊지 말자. 승두말에서는 오륙도가 잘 보이고 신선대에서는 북항, 조도, 영도가 비교적 또렷하다. 걷는 코스 중 세계에서 유일하게 부산에만 있는 유엔기념공원에서 잠시 쉬었다가도 된다. (22.5km, 8시간)
✉ 2호선 광안역에서 하차, 자성대 부근은 1호선 범일역 하차

가덕도 둘레길

부산 최남단에서 천혜 절경을 자랑하는 가덕도의 구석구석을 걷는 코스로 무려 열시간이나 소요되는 기나긴 여정이지만 빼어난 절경이 함께 해 후회되지 않는 길이다. 가덕도 동쪽에 위치한 대항 새바지에서 동선 새바지 해안 산책로(총 6㎞)까지는 부산 시민들에게조차 익숙하지 않은 길이다. 하지만 해안가를 따라 난 크고 작은 기암괴석과 쪽빛 바다가 절묘하게 조화를 이뤄내 쉴 새 없이 감탄사를 연발하게 된다. 대항 새바지를 지나 선착장 좌측 길로 외양포로 간다. 성토봉을 넘으면 천성 방파제가 나온다. 그 후 두문 마을을 지나 장항고개에서는 신항만 부두와 바다 풍경을 한눈에 담을 수 있다. (눌차다리 - 선창. 24.3km, 10시간) ✉1호선 하단역에서 58번 시내버스 이용, 가덕도 선창에 하차

해운대 삼포길

여섯개의 갈맷길 중 가장 사랑받는 코스다. 미포, 청사포, 구덕포는 흔히 해운대 삼포(三浦)로 불린다. 특히 최치원의 전설이 어린 동백섬을 한바퀴 돌아 3개의 포구를 이어 걷는 해안길이 걷기에 무리가 없고 인기도 많다. 최근 걷기의 명소이자 서울로 치면 삼청동 같은 분위기를 자아내는 달맞이길도 걸음걸음이 즐겁다. 코리아아트센터 앞에 '문탠로드' 입간판이 세워져 있어 해안 산책로의 시작점을 알려준다. 문탠로드는 미포 ⋯ 정자 전망대 ⋯ 어울 마당까지 약 2.2㎞의 코스다. 어울 마당에는 바다가 보이는 카페와 레스토랑이 많으니 쉬었다 가기에도 그만이다. (9.5km, 3시간)

✉동백섬 입구에서 출발할 경우 2호선 동백역 하차, 시내버스는 139, 31번을 이용. 구덕포 출발시 시내버스 100, 100-1, 139, 1003, 1006번 이용

대변해안길

죽성의 두호마을에서 출발해 기장의 해안 길을 따라 송정 해수욕장까지 내려오는 코스. 두호마을의 동해안 별신굿, 윤선도의 유배지였던 황학대, 죽성 왜성, 대변항의 대원군 척화비 등 이야기 거리도 풍부해 흥미를 자극한다. 월전마을을 지나 나타나는 대변리는 영화 〈친구〉의 촬영지로 이름을 날린 곳이다. 기장미역, 멸치회, 짚불 곰장어, 다채로운 횟감 등 먹을거리도 많아 식사시간과 일정을 잘 잡으면 더 즐거운 산책길이 될 것이다. (죽성 – 송정, 15.6km, 5시간)

✉시내버스 180, 181, 188번을 타고 기장군청에서 내린다. 그후 죽성 두호마을로 간다. 송정해수욕장으로 가려면 100번이나 139번을 이용한다

미리 준비하면 더 즐거운 갈맷길

tlp

도보 여행 초심자라면 해운대 동백섬 해안 산책로만 공략해보는 것도 좋은 방법이다. 1시간 정도가 소요되며 잘 가꿔진 산책로가 해안의 절경과 환상의 조화를 이룬다. 도보 여행 마니아라면 부산에 여러 차례 방문하며 21개 코스를 모두 정복하는 건 어떨까. 체력은 물론 시간과 공이 필요하겠지만 그 성취감은 말할 수 없이 크다. 부산시청이나 관광안내소에 비치된 '부산 주요 걷고 싶은 길 안내도'를 챙겨 부산을 속속들이 걷고 또 걸어보자. 인터넷 카페 그린웨이 부산(cafe.naver.com/greenwaybusan)에도 도보 여행에 관련한 정보가 풍부하다.

07 불멸의 이순신

1592년, 대륙정복야욕과 국내의 불안정한 정세를 전쟁으로 무마하려던 왜국의 속셈은 이웃한 조선을 전쟁의 광풍 속으로 몰고 갔다. 나라를 구하기 위해 전국에서는 의병이 일었고 용감무쌍한 조선의 명장들은 침략에 맞서 싸웠다. 특히나 승리를 몰고 다녔던 전라좌수사 이순신 장군의 존재감은 7년이나 지속되는 전쟁 속에서 꽃을 피운다. 남해안 곳곳에 남아있는 호국영웅 이순신 장군의 자취를 따라가는 여정은 오늘을 살아가는 현대인에게 의미 있는 발걸음이 될 것이다.

진주성

군사와 백성이 하나 되어 지킨 곳
진주성

지금은 화려하고 아름다운 자태로 많은 관광객들을 불러 모으고 있지만 임진왜란 당시 진주성은 6만 여 명이 군인, 백성들이 학살 당하고 가축들마저 모두 도살당한 참극이 벌어졌던 곳이다. 임진 왜란 3대 대첩 중 하나로도 기록되고 있는 진주성 전투는 비록 성의 함락에도 불구하고 군과 관, 민이 하나 되어 적군에 대항한 호국충정을 빛낸 사례로 꼽힌다. 수많은 의병들과 장군들이 이곳에서 장렬히 전사했으며 진주성 구석구석 이들의 숭고한 희생정신이 배어있다. 남강 변 위에 세워진 촉석루에도 이러한 애국정신이 절절히 담겨 있다. 일본군 왜장들이 승리를 자축하기 위해 벌인 주연에서 기생이었던 논개(論介)는 술에 취한 왜장을 바위 쪽으로 유도해 그를 껴안은 채 함께 남강으로 투신했다. 촉석루 아래에는 그 때의 역사를 품은 의암이 여전히 푸른 강물 위에 떠 있다. 오랜 세월에도 굳건히 자리를 지키고 있는 의암의 모습이 곧은 논개의 절개를 보여주고 있다.

진주성 안에는 임진왜란을 주제로 한 국립진주박물관도 있다. 진주성이 지닌 역사적 의미를 되새기고자 건립된 박물관에는 임진왜란과 관련한 각종 다양한 문헌과 자료, 유물들이 전시되어 있다. 진주성에 가면 꼭 한 번 들러봐야 할 필수 코스다.

⊠ 전라남도 진주시 본성동 415 ⧖ 09:00~18:00 Ⓦ 어른 1,000원, 청소년 500원, 초등학생 300원(매표 시간 외 입장은 무료) 주차료 30분 500원, 10분 초과당 200원 ☏ 055-749-2480

진주의 별미, 진주육회비빔밥

진주에 가서는 꼭 '진주 육회 비빔밥'을 먹어보길 바란다. 알 만한 사람은 다 아는 숨은 진주의 맛이다. 소박한 나물 위에 먹음직스런 육회를 얹고 선짓국을 곁들여내는 진주 육회 비빔밥은 첫 술부터 든든해져오는 식감을 느낄 수 있다. 80년째 3대에 걸쳐 육회 비빔밥을 내놓고 있는 천황식당은 비빔밥도 일품이지만 직접 끓여내는 선짓국이 최고의 궁합을 이룬다. 식사 때에는 줄을 서서 기다릴 정도로 인기가 높다. 중앙 시장 부근에 위치. 진주 비빔밥 7,000원. 055-741-2646.

노량 해협의 수호신
남해 충렬사

'이순신 장군의 발자취를 좇는 여정'은 남해에서 잠시 숨고르기를 하게 된다. 임진왜란과 정유재란을 종식시킨 노량해전에서 충무공이라는 나라의 큰 별이 끝내 지기 때문이다. 남해 충렬사는 장군의 충의와 넋을 기리기 위해 1632년 인조 때 지역 유림들이 세운 사당으로 노량 충렬사라고도 불린다. 충무공의 시신이 잠시나마 모셔졌던 곳이기도 해 역사적인 가치가 높다. 1663년 현종 때에는 통영 충렬사와 함께 임금이 하사한 현판을 받기도 했다. 경내에 있는 송시열이 작성한 비문, 1948년 정인보가 쓴 충열사비가 자리해 후세에서도 변함없이 장군의 높은 공과 덕을 느껴볼 수 있다. 다른 지역의 충렬사와는 달리 나지막한 담벼락과 울창한 정원처럼 꾸며 놓은 사당의 분위기도 색다르다. 충렬사 앞에 있는 거북선과 우리나라 최초의 현수교인 남해대교까지 가세해 장군의 기개가 고스란히 전해져 온다.

✉ 경남 남해군 설천면 노량리 350
Ⓦ 남해 충렬사 무료, 충렬사 앞 거북선 어른 1,000원, 청소년 800원, 어린이 500원

1 남해 충렬사 입구 **2** 단정하게 가꿔진 충렬사 내부
3 충무공의 초상화

3D로 생생하게 되살아난 충무공
이순신 영상관

남해는 충무공의 치열한 전쟁, 짜릿한 승리, 고결한 전사의 순간이 오롯이 남아있는 곳이라고 표현해도 과언이 아니다. 특히 그 모든 순간을 생생하게 복원한 이순신 영상관은 장대한 역사와 최첨단 시설이 만난 흥미롭고도 의미 있는 장소다. 특히 138석의 관람석을 갖춘 국내 최초의 돔형 입체영상관은 벽면과 지붕 전체가 스크린으로 구성돼 기존 평면 스크린에서 보는 3D 영상과 비할 바가 아니다. 영상관에서는 1598년 11월 19일 임진왜란 최후의 전투였던 노량해전의 격전을 입체 영상으로 관람할 수 있다. 2층의 전시관에서는 7년에 거친 임진왜란과 이순신 장군의 삶과 이야기를 보다 깊이 알아 볼 수 있다. "지금 전쟁이 급하니 나의 죽음을 알리지 말라", "만약 저 원수들을 섬멸할 수 있다면 죽어도 여한이 없겠나이다"라는 장군의 명언이 적힌 추모의 다리를 건너면 관음포 바다를 한 눈에 담을 수 있는 전이의 장이 펼쳐진다. 그밖에 감동의 장, 이해의 장, 체험의 장 등 다채로운 전시 체험공간도 눈과 귀를 뗄 수 없게 한다.

✉ 경남 남해군 고현면 차면리 111번지 이순신 영상관 Ⓦ 어른 3,000원, 청소년 2,000원, 어린이 1,500원
⏱ 화~금요일 11:00, 14:00, 15:00, 16:00, 토~일요일 10:00, 11:00, 13:30, 14:30, 15:30, 16:30 ☎ 055-864-8023

거북선 모양의 영상관

관음포 이충무공전몰유허

관음포 앞바다와 노량을 잇는 해역은 1598년 11월 19일 7년간의 임진왜란을 종식시킨 최후의 전투였던 노량해전이 일어났던 곳. 200여 척의 조·명 연합군을 거느린 이순신은 유리한 전세로 싸움을 이끌었다. 이에 왜군의 200여 척의 배가 부서지고 패잔선 50여 척이 겨우 왜국으로 달아났다. 이순신은 관음포로 마지막 도주하는 왜군을 추격하던 중 적의 총환을 맞고 쓰러지자 "지금 전쟁이 급하니 나의 죽음을 알리지 말라(戰方急愼勿言我死)"는 역사에 기록될 유언을 남기고 숨을 거두었다.

충무공의 영구가 처음 육지에 안치된 이곳을 1832년 8대손 이항권이 제단을 지어 이락사(李落祠)로 칭했다. 현재에는 관음포 이충무공전몰유허로 어감을 부드럽게 하고 의미를 더 깊이 생각할 수 있도록 이름이 바뀌었다. '큰 별이 바다에 떨어지다' 는 의미의 대성운해(大星殞海)라고 쓰여진 편액이 붙은 묘비각, 순조 때 홍문관 대제학 홍석주가 지은 비문, 예문관 제학 이익회가 쓴 유허비 등이 있다. 비각으로 오르는 길 양쪽으로 늘어선 반송은 왜란으로 목숨을 잃은 병장들의 한이 어려 올곧게 자라지 못한다는 설이 있다. 첨망대에 올라 한때는 치열한 격전지였을 한려수도의 아름다운 풍광을 내려다보며 나라를 지킨 영웅들의 고귀한 죽음에 머리를 조아려 애도를 표하는 것도 잊지 말 것.

✉ 경남 남해군 고현면 차면리 111번지 이순신 영상관

1 첨방대에서 내려다보이는 한려수도
2 독특한 모양의 반송나무 숲길

t!p

생멸치 찌개 즐기기

미식가들은 바다 물살이 거센 남해의 물고기가 최고의 횟감이라고 말한다. 그만큼 차지고 고소한 맛은 다른 지역에서 맛보는 생선들과는 차원이 다르다는 말. 남해에서 가장 유명한 먹을거리는 바로 멸치. 죽방렴에서 잡은 멸치는 뼈째 먹을 만큼 부드럽고 칼슘이 풍부해 귀족 멸치라는 별명이 있을 정도로 맛있고 값도 비싸다. 매콤하고 자작하게 끓여낸 멸치찌개를 깻잎과 상추에 싸먹는 멸치쌈밥은 남해 최고의 별미다. 통통한 멸치 한두 마리를 상추에 밥과 함께 올려 마늘과 된장을 얹어 싸먹는다. 가게마다 조금씩 차이가 나지만 대체로 1인분에 7,000원 정도.

충무공의 가장 찬란한 순간
한려해상 조망 케이블카

항구도시 통영은 '삼도수군통제영'에서 이름을 따왔을 정도로 충무공 이순신의 흔적이 도시 전체에 가득한 곳이다. 아름다운 해양 도시 통영에서 어떤 테마로 여행하든 한려해상 조망 케이블카를 타고 미륵산 곳곳을 둘러보는 것은 빼먹으면 안 된다. 특히나 '이순신 장군'의 흔적을 찾는 여행이라면 이곳을 여행 중 가장 먼저 들러 장군의 숨결이 어린 도시 곳곳을 먼저 만나보는 것을 추천한다. 한려수도 조망 케이블카는 그 길이만도 1,975m로 국내에서 가장 길고 하부역과 상부역의 높낮이 차가 337m인 국내 최고의 케이블카다. 게다가 환경보호를 위해 지주를 하나만 설치하는 것은 물론 사람들이 몰리는 구간에는 나무 데크를 설치해 훼손을 최소화하는 등 환경에도 착한 '그린 케이블카'로 가치가 높다.

이 케이블카를 타고 미륵산으로 오르는 데는 불과 10분이 채 걸리지 않는다. 케이블카 승강장에 내려 미륵산 정상까지 올랐다 내려오는 데는 1시간 정도 소요된다. 특별히 산행을 좋아한다면 케이블카를 편도로 끊고 용화사를 들머리로 정상

1 통영의 새로운 명물 한려해상 조망 케이블카
2,3 미륵산 정상에서 내려다본 아름다운 한려수도

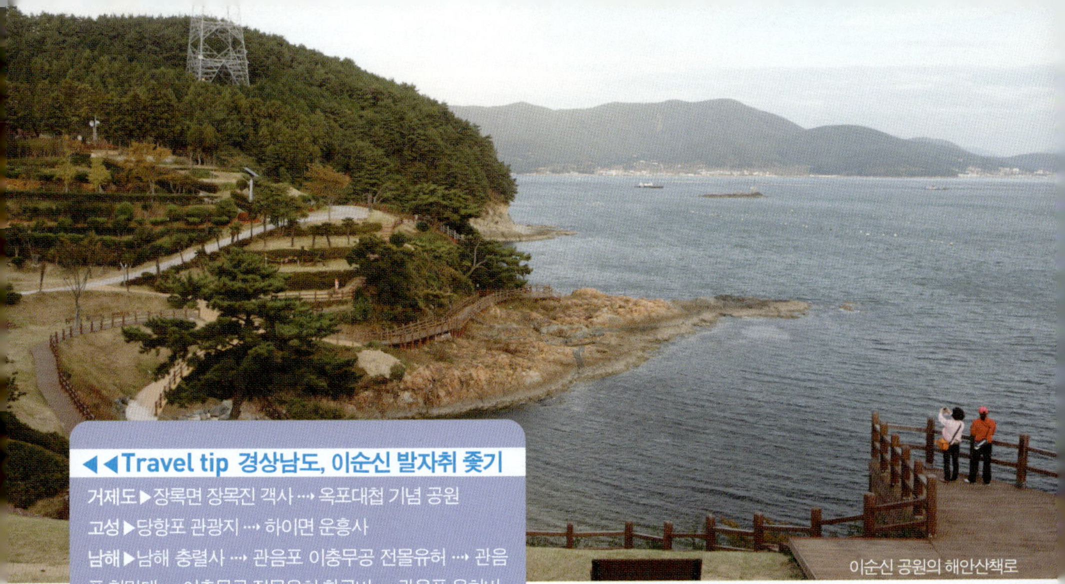
이순신 공원의 해안산책로

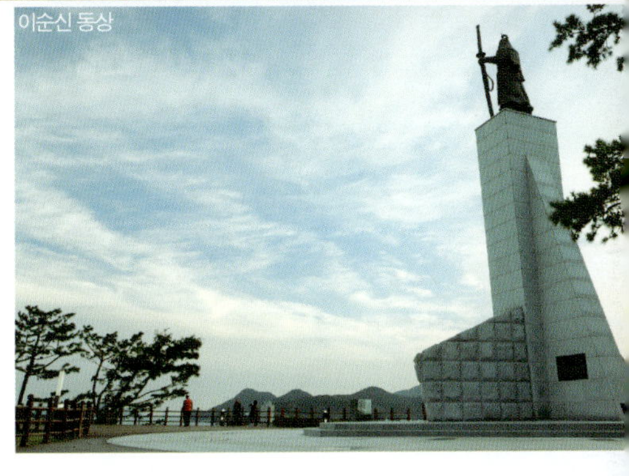

◀◀Travel tip 경상남도, 이순신 발자취 좇기

거제도▶장목면 장목진 객사 ⋯ 옥포대첩 기념 공원
고성▶당항포 관광지 ⋯ 하이면 운흥사
남해▶남해 충렬사 ⋯ 관음포 이충무공 전몰유허 ⋯ 관음포 첨망대 ⋯ 이충무공 전몰유허 한글비 ⋯ 관음포 유허비
사천▶서포면 작도정사 ⋯ 용현면 사천 선진리성, 백천사, 모충공원, 대방진굴항, 노산공원
통영▶통영 충렬사 ⋯ 통영 세병관 ⋯ 남망산 공원 ⋯ 이순신 공원 ⋯ 한려해상 국립공원 ⋯ 한산도 제승당

에 올랐다가 관음사를 거쳐 내려오는 코스로 미륵산행을 즐겨보는 것도 좋겠다. 미륵산으로 오르는 길에 가장 먼저 만나게 되는 충무공의 흔적은 당포해전 전망대에 펼쳐져있다. 1592년 6월 2일 이순신 함대가 당포에 정박해 죄없는 백성을 괴롭히던 일본 함대를 공격해 왜선 21척을 모두 격파했다. 임진왜란 3대 대전투 중 하나인 한산대첩을 떠올릴 수 있는 한산대첩 전망대에서의 감회는 더욱 뜨겁다. 손에 잡힐 듯한 한산도, 소매물도, 사량도를 비롯해 푸른 쪽빛 바다에 종종 떠있는 섬들의 자태에 할 말을 잃게 된다. 당포해전 전망대에서 100m쯤 떨어진 신선대 전망대에는 정지용 시인의 시비가 놓여 있다. 미륵산의 어디에 서든 "통영과 한산도 일대 풍경 자연미를 나는 문필로 묘사할 능력이 없다.⋯통영포구와 한산도 일폭의 천연미는 다시 있을 수 없을 것이라 단언할 뿐이다.⋯"라고 이곳의 자연을 극찬하던 시인과 이심전심을 느끼게 될 것이다.

⊠경상남도 통영시 도남동 349-1번지

이순신 동상

도시 속에서 충무공 만나기
이순신 공원

이순신 공원의 옛 이름은 한산대첩기념공원. 한산대첩의 격전지와 최초의 삼도수군 통제영이 세워진 한산도가 보이는 곳에 위치해있어 해마다 한산대첩 재현 행사가 이루어진다. 게다가 커다란 이순신 동상까지 세워져 있어 '이순신 장군이 승승장구하던 고장' 으로서의 상징성이 빛을 발한다. 산책로와 잔디밭이 잘 가꿔져있어 통영 시민들의 쉼터로서 각광받는 장소다.

⊠경남 통영시 정량동 이순신 공원

통영 삼도수군통제영 세병관

1603년 충무공 이순신의 공을 기리기 위해 세워진 건물로 완성 후에는 삼도수군통제사영 건물로 조선시대 최대의 관아로 이용됐다. 세병관의 이름은 두보(杜甫)의 시 '安得壯士挽天河 淨洗甲兵永不用' (안득장사만천하 정세갑병영불용)에서 연유했다. '장사를 얻어 하늘에 있는 은하수를 끌어와 갑옷과 병기를 깨끗이 씻어 영원히 전쟁에 쓰지 않도록 할까' 라는 뜻으로 오랜 전쟁을 겪으며 평화를 바라는 염원을 담은 것이다.

웅장한 건물 안을 팔작지붕, 우물마루로 깔고 건물 중앙 뒷부분에 45cm 정도 높은 단을 설치해 궐패를 모시는 공간을 마련했다. 벽의 중간에 건너지른 인방에는 널빤지로 마감하고 무인도(武人圖)를 그리는 등 옛 사람들의 건축 기법을 구경하기 좋은 곳이다. 최근에는 홍상수 감독의 영화 〈하하하〉에서 이순신 장군을 사랑하는 문화유산 해설사(문소리 분)가 자랑스러워하는 유적지로 영화속에서 흥미롭게 그려지기도 했다.

세병관

✉ 경상남도 통영시 문화동 62-1 Ⓦ 어른 200원, 청소년 100원, 어린이 50원

1 통영 충렬사 **2** 유물전시관
3 충무공을 기리는 충렬사의 본전

통영 충렬사

1606년, 7년 동안의 임진왜란 중 수군통제사로서 가장 혁혁한 공을 세웠던 충무공 이순신을 기리기 위해 세워진 사당으로 충무공의 활동무대가 한산도를 중심으로 통영 근방이었던 까닭에 남해 충렬사와 함께 이곳에 위패를 모시고 제사를 지내게 됐다. 경내는 본전, 정문, 중문, 외삼문, 동서재, 경충재, 숭무당, 강한루, 유물전시관으로 구성돼 있다. 내부에는 여러 비석들이 보존되어 있는데 1681년에 제60대 민섬 통제사가 세운 통제사충무이공충렬묘비가 가장 오랜 역사를 자랑한다. 유물전시관에는 보물 440호로 지정된 명나라 만력제가 내린 8가지의 선물인 명조팔사품을 비롯해 정조가 충무공전서를 발간하고 그중 한질을 통영 충렬사에 내리면서 직접 지어 내린 어제기판(御製記板) 등이 전시되어 있다.

✉ 경남 통영시 명정동 213 Ⓦ 어른 1,000원, 청소년 500원, 어린이 300원 ☎ 055-645-3229

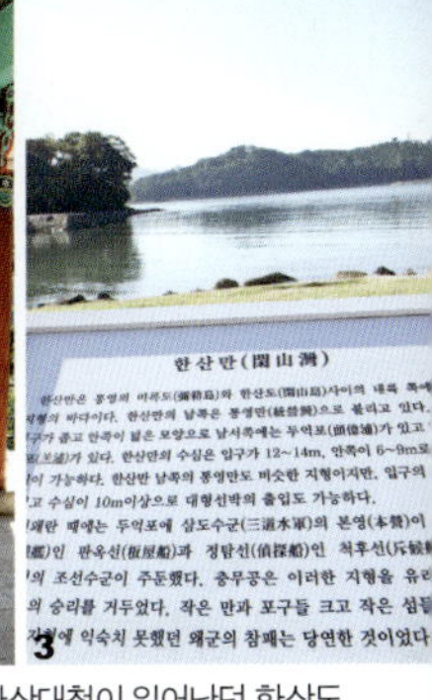

1 한산도의 제승당 **2** 한산정 **3** 한산대첩이 일어났던 한산도

이순신 장군을 떠올리며 거니는 섬
한산도

한산도 대첩은 진주성 대첩, 행주대첩과 더불어 임진왜란 3대첩의 하나다. 1592년 7월 8일 전라좌수사 이순신, 전라우수사 이억기, 경상우수사 원균의 조선 연합 함대가 한산도 앞바다에서 일본 함대를 크게 격침했다. 훗날 역사학자 헐버트(Hulbert, H.G.)는 한산대첩을 가리켜 조선의 살라미스(Salamis)해전으로 도요토미의 조선침략에 사형선고를 내렸다고 평했다. 한산도는 통영에서 배를 타고 30분 정도면 도착하는 섬이다. 해안 길을 따라가면 충무사와 제승당, 수루, 한산정, 유허비 등 충무공의 흔적들을 하나 하나 만나게 된다. 제일 먼저 항구 입구를 지키고 선 거북선 등대는 단번에 이 섬이 상징하는 인물을 눈치 채게 한다. 선착장에서 오른쪽으로 이어지는 길을 주욱 따라가면 한산문을 지나 제승당에 도착한다. 삼도수군통제사인 이순신 장군이 장수들과 회의하며 전쟁을 지휘하던 공간으로 충무공 전적을 그린 벽화 5폭과 현자총통, 지자총통, 거북선 모형 등이 전시돼 있다. 대부분의 공간은 숙연한 추모의 공간이지만 제승당 뒤편에 마련된 장군과 병사들이 활을 쏘던 한산정은 방문객들의 장난기를 발동시킨다. 이순신 장군이 병사와 장군들의 활쏘기 시합을 벌이며 진 팀이 이긴 팀에게 음식을 대접하며 사기를 높였다고 한다.

제승당 사적지 끝에는 적의 동정을 살피던 망루이자 장군이 나라를 걱정하던 수루가 있다. 〈한산도가〉에서 장군은 '한산섬 달 밝은 밤에/ 수루에 혼자 앉아/ 큰 칼 옆에 차고 깊은 시름하는 차에/ 어디서 일성호가는 남의 애를 끊나니'라고 읊으며 전쟁 속에 빠진 조국의 상황을 통탄했다. 사적지의 가장 안쪽으로는 충무공 이순신 장군의 영정을 모신 충무사가 있다. 시간이 넉넉하다면 망산에도 올라보자. 탁 트인 한려수도를 감상하며 장군이 학익진을 펼쳤던 한산 앞바다를 한눈에 담을 수 있다.

✉ 경남 통영시 한산도 제승당(통영여객선터미널에서 한산도행 배를 탄다. 여객선은 오전 7시부터 오후 8시까지 매시 정각에 운행한다)
ⓦ 배 값은 통영-한산도의 경우 성인 4,700원, 한산도-통영의 경우 4,300원/ 제승당 입장료 어른 1,000원, 청소년 500원, 어린이 200원
☎ 055-645-3329 🖱 한산도제승당.com

통영 명물, 충무 김밥 맛보기

밥만 넣어 싼 손가락만 한 김밥에 호리기(꼴뚜기)나 갑오징어, 홍합 등을 볶은 것, 커다란 깍두기 등을 따로 내와 먹는 간편한 음식이다. 여름에 김밥속이 쉽게 쉬어버리기 때문에 밥과 속을 따로따로 판 것이 시작이었다. 충무김밥이 전국적인 명성을 떨친 까닭은 80년대 초 충무김밥을 잔뜩 들고 '국풍81' 에 참가한 항남동 놀이마당 앞의 '원조 뚱보 할매' 어두이(魚斗伊) 할머니의 공이 크다고 알려져 있다. 통영 어디에서나 쉽게 맛볼 수 있으며 1인분에 4,000~5,000원 사이다.

1,2 당항포 해전관 **3** 전승기념탑 **4** 충무공 디오라마관

공룡의 역사가 이순신과 만났을 때
당항포 관광지

고성의 당항포 관광지는 일거양득의 재미가 있는 곳이다. 수많은 공룡 유적지를 비롯해 교과서에서만 봐왔던 한반도의 오래된 시간이 봉인된 지층을 실제로 볼 수 있음은 물론, 당항포 전투로 조선을 지켰던 이순신 장군의 역사까지도 만나게 된다.

1592년 6월 5일 전라좌수사 이순신, 전라우수사 이억기, 경상우수사 원균의 연합 함대가 고성 당항포에서 일본 함대 26척을 격침한데 이어 2년 후인 4월23일 또다시 당항만을 침입한 왜선 31척을 섬멸했다. 당항포 관광지는 이 승전을 기념하기 위한 '당항포전의 모든 것'을 잘 정비해놓아 어린이는 물론이고 어른들의 호기심까지 채워준다.

입구를 지나 바다 산책로를 따라 걷다보면 왼쪽 언덕으로 전승기념탑이 나온다. 20m 높이의 이 대형탑은 충무공 이순신 장군과 조선 수군들의 호국정신을 기리기 위하여 제작됐다. 전승기념탑 뒤에 위치한 당항포해전관은 두 차례의 해전을 디오드라마로 실감나게 감상할 수 있다. 당항포해전관을 지나면 나타나는 실물 크기의 거북선은 특히나 아이들이 좋아하는 공간이다. 초대형 투구 모양으로 조성한 충무공디오라마관에서는 이순신 장군의 일대기를 알아볼 수 있다. 장군의 영정을 모신 숭충사(崇忠祠)도 빼놓지 말 것.

✉ 경남 고성군 회화면 당항만로 1116 ⓦ어른 4,000원, 청소년 2,400원, 어린이 1,000원 ☎ 055-670-4504 🖥 dhp.goseong.go.kr

08 남해안 공룡나라 방문기

1억년전, 공룡이 지구를 지배했을 때에는… 만화나 영화 속에서나 보던 거대하고 포악한 티라노사우르스의 시대는 너무 요원한 과거인데다 우리가 직접 체험해보지 못한 까닭에 마치 아바타나 로봇 태권브이처럼 상상 속의 존재처럼 여겨지기 일쑤다. 하지만 한반도의 남해안 일대에는 세계 최대의 공룡발자국이 남아 그들의 존재를 입증하고 있다. 공룡나라로의 여행은 지구의 오래된 역사, 한때 이곳의 주인공이었던 공룡을 만나러가는 시간 여행인 동시에 상상 여행이다.

공룡박물관

고성은 미국 콜로라도, 아르헨티나 서부해안과 함께 세계 3대 공룡발자국화석산출지로 명성이 높은 그야말로 '공룡나라' 다. 게다가 용각류 발자국 화석이 9cm에서 115cm까지 한꺼번에 나온 것은 세계에서 고성이 유일이다. 더불어 3종 이상의 공룡알이 발견돼 백악기 공룡의 산란장소로 추정되고 있으며 새의 진화에 대한 과학적 근거를 보여주는 백악기 새발자국 화석도 여럿이다. 지난해 10월에는 백악기시대 신종 뿔공룡 턱뼈가 발견돼 전세계의 이목이 집중되기도 했다. 국내에서는 최초로 공룡 발자국이 발견된 이후 현재까지 학회에 발표된 공룡 발자국만도 약 5,000족에 이른다.

공룡박물관의 입구에서부터 고성에서 살았다고 추측되는 이구아나돈의 익살맞은 모형과 함께 초식공룡 브라키오사우르스를 형상화 한 길이 34m, 높이24m, 폭 8.7m의 세계 최대 공룡탑이 먼저 반긴다. 박물관에는 공룡 전신 골격 진품과 복제품, 익룡 전신 골격, 부조 화석, 일반 화석, 야외 전시품 등 수백점이 전시돼 있다. 오비랩터(Oviraptor)와 프로토케라톱스(Protoceratops)의 진품 화석을 비롯해 클라멜리사우루스(Klamelisaurus)와 모놀로포사우루스(Monolopho Saurus)와 같은 아시아 공룡은 물론 세계의 다양한 공룡도 만나볼 수 있다.

특히 하이면 상족암 일대는 공룡발자국 화석의 산출밀도가 세계적으로 가장 높은 지역으로 천연기념물 제 411호로 지정됐다. 상족암 주변의 평평한 갯바위에는 수백 개의 공룡 발자국 화석이 선명하게 남아 있다. 발자국의 보폭은 공룡의 이동속도를, 같은 방향으로 나 있는 발자국은 집단이동이나 무리생활을 나타낸다. 같은 종으로 보이는 다양한 크기의 발자국은 공룡의 새끼 양육에 대한 정보를 추측할 수 있다. 초식공룡과 육식공룡의 뒤엉킨 발자국으로 공룡의 사냥 습성까지 알 수 있다.

고성군 하이면 덕명리 85 어른 3,000원, 청소년 2,000원, 어린이 1,500원 3~10월 09:00~18:00, 11~2월 09:00~17:00 (1월 1일,월요일 휴관) 055-832-9021 museum.goseong.go.kr

1 여러 공룡을 만날 수 있는 공룡박물관
2 세계 최대의 공룡탑
3 공룡의 뼈를 조립해 실제 크기로 전시한 내부

1시간 고성 공룡박물관
1시간 30분 상족암 군립공원
3~4시간 고성 당항포 고분광지
30분 남해창선 가인리 공룡 발자국 화석

상상 속의 공룡을 만나는 길!

공룡박물관은 초등학생들의 공룡에 대한 흥미와 이해도를 높이기 위해 매월 첫째, 셋째주 토요일에 사전 예약형 체험교육프로그램인 '우리는 지질 탐사대' 를 연중 운영한다. 공룡박물관과 공룡발자국 화석산지를 탐구하며, 상족암 공룡발자국의 생성과정과 특징을 통해 공룡의 습성, 생태 등을 학습한다.

당항포 관광지

당항포 관광지는 2006년과 2009년 경남고성공룡세계엑스포의 주행사장이었다. 이곳은 그만큼 고성에서도 공룡으로 가장 유명한 유원지다. 실내에 들어서면 살타사우루스와 두 발로 걸어 다니는 텔마토사우루스의 실물 크기 모형이 이곳의 정체성을 단번에 알 수 있도록 한다. 이순신 장군을 테마로도 각종 시설을 잘 갖추고 있어 두 가지 테마를 모두 챙겨보면 3~4시간이 후딱 지나가버린다. 다이노토피아관이라고도 불리는 엑스포 주제관에는 공룡의 생태와 더불어 지구의 진화 과정을 여러 가지 자료로 친절하게 설명한다. 백악기로의 초대라고 써있는 문을 통과하면 곧바로 백악기의 시간으로 빨려 들어간 것만 같은 착각이 든다.

엑스포 주제관에서는 매 시간마다 백악기를 배경으로 한 소년과 공룡의 모험을 다룬 15분짜리 4D 입체영화를 상영한다. 4D는 3D와 마찬가지로 입체 영상은 물론이고 공룡이 화를 내거나 콧바람을 불면 그 바람이나 타액을 흉내 낸 물, 쿵쿵거리는 진동까지도 관객에게 느껴지도록 한 입체영화시스템이다. 매일 09:30~17:30까지 1시간 간격으로 상영된다.

공룡의 위협적인 외모에 혼비백산하는 아이들에게는 좀 더 귀여운 공룡을 만날 수 있는 백악기 공원관이 좋다. 동굴 속에 사는 원시인 가족이 사냥해온 공룡을 먹는 모습, 공룡을 잡는 법을 배우는 어린이, 알에서 깨어나는 공룡과 공룡 알을 훔쳐 달아나는 원시인을 귀여운 인형으로 꾸몄다.

티라노사우루스의 진품 화석과 희귀 화석, 공룡 발자국 모형이 전시된 중생대공룡관도 존재감이 크다. 백악기 말 공룡이 수많은 동식물과 함께 멸종된 것에 착안해 환경 보호와 자연에 대한 이해를 돕는 자연사 박물관과 철갑상어 체험관, 공룡나라 농업관 등도 좋은 배움터가 된다.

✉ 경남 고성군 회화면 당항리 57번지
₩ 어른 6,000원, 청소년 4,000원
어린이 3,000원 ⌛ 09:00~19:00
(월요일 휴장) ☎ 055-670-4501
🔗 dhp.goseong.go.kr

1 귀여운 아기공룡과 초식공룡도 만날 수 있다.
2 중생대 공룡관 3 백악기 공원관

1 가인리에 보존되어 있는 공룡발자국 **2** 생태체험으로도 좋은 공룡발자국 산지

세계에서 제일 작은 공룡의 흔적
가인리 공룡발자국

남해 가인리에는 1만2,858㎡에 걸쳐 약 1,500여 점의 공룡발자국이 발견된 화석산지가 최근 천연기념물 제499호로 지정됐다. 가인리 화석산지에서는 그동안 국내외에서 보고 된 적이 없는 사람 발자국과 비슷한 육식공룡의 발자국이 발견됐다. 또 이제껏 발견 된 물갈퀴 새 발자국 화석 중 세계에서 가장 오래된 것으로 기록된 신종 새 발자국 화석도 나와 학술적으로는 물론 생태학적으로도 가치가 높다. 게다가 이 화석 산지는 한 지층면에서 초식공룡과 육식공룡의 화석이 함께 발견되기도 했다. 가인리 공룡발자국이 특히나 화제가 된 까닭은 이곳에서 길이 1.27㎝, 폭 1.06cm인 세계 최소의 공룡 발자국 화석이 발견됐기 때문. 이 발자국은 중국과 우리나라에서만 발견되는 소형 수각류 공룡 발자국 화석으로 학명은 미니사우리푸스(소형 공룡 발자국)다.

✉ 경남 남해군 창선면 가인리 ⓦ무료

◀◀**Travel tip** 고성에서는 하모회 남해에서는 물메기찜

물메기찜은 12월부터 이듬해 2월 사이 남해안에서 많이 잡히는 물메기를 시원하게 끓여낸 요리로. 그 담백하고 쫄깃한 맛은 먹어보지 않고서는 알 수 없다. 참장어를 날것으로 먹는 고성의 향토음식 하모회도 별미 중의 별미다. 하모는 일본어로 공식명칭은 갯장어다. 고성을 비롯해 남해안 일대 갯벌에 서식하며 6월 하순부터 9월 초까지 잡히는 보양요리다. 하모는 일반 생선들의 육질이 퍼석해진 7~8월에 육질이 더 쫄깃하다. 회는 일반 생선처럼 고추냉이 간장이나 양념 된장, 혹은 초고추장에 찍어 먹거나 양파 등의 채소에 올려 먹으면 기가 막히다.

남해안 여행 안내 웹사이트

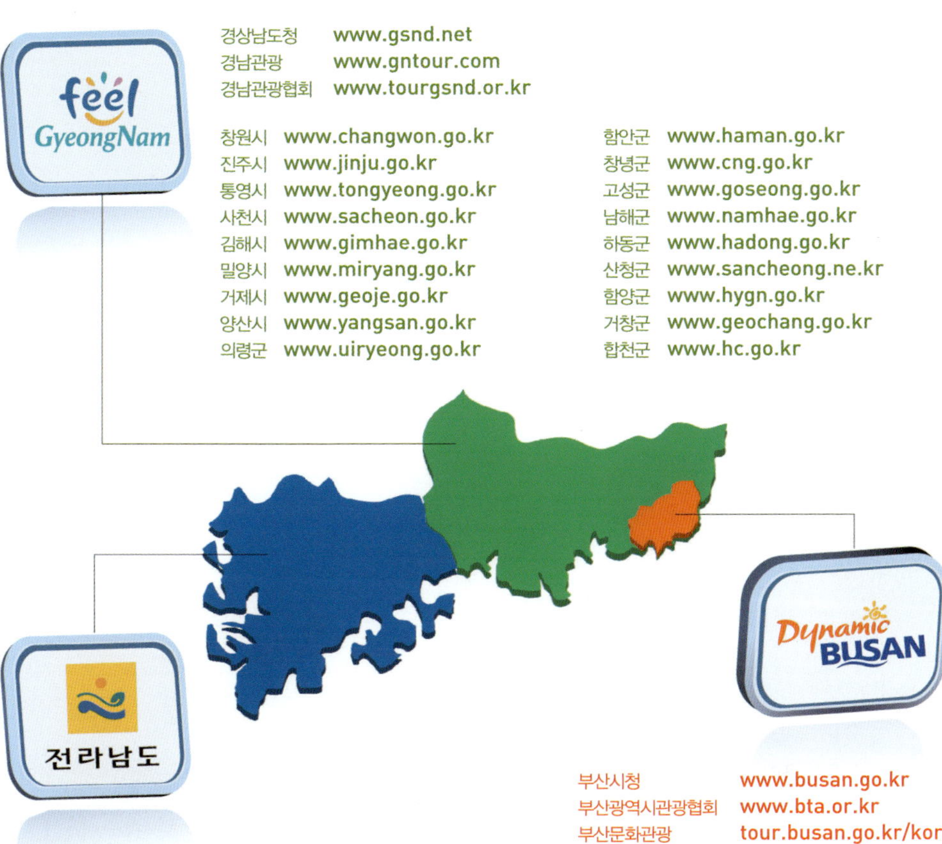

전라남도청   www.jeonnam.go.kr
전남문화관광   www.namdokorea.com
전남관광협회   www.jntour.or.kr

목포시	www.mokpo.go.kr	고흥군	www.goheung.go.kr	함평군	www.hampyeong.jeonnam.kr
여수시	www.yeosu.go.kr	보성군	www.boseong.go.kr	영광군	www.yeonggwang.go.kr
순천시	www.yeosu.go.kr	화순군	www.hwasun.go.kr	장성군	www.jangseong.go.kr
나주시	www.naju.go.kr	장흥군	www.hwasun.go.kr	완도군	www.wando.go.kr
광양시	ww.gwangyang.go.kr	강진군	www.hwasun.go.kr	진도군	www.jindo.go.kr
담양군	www.damyang.go.kr	해남군	www.haenam.go.kr	신안군	www.shinan.go.kr
곡성군	www.gokseong.go.kr	영암군	www.yeongam.go.kr		
구례군	www.gurye.go.kr	무안군	www.muan.go.kr		

맛기행 Food & Flavor

01 낙지요리 웰빙여행

지쳐 쓰러진 소도 벌떡 일어나게 한다는 스태미너 음식 낙지. 갯벌 속에서 갓 잡아 올린 낙지 요리 한 접시면 우리 가족 건강은 걱정 없다. 제대로 된 낙지 요리를 맛보려면 역시 본고장인 무안으로 가야 한다. 꼬치에 돌돌 말아 먹는 세발 낙지부터 싱싱한 낙지 회가 듬뿍 올려진 낙지 비빔밥, 연포탕, 낙지 호롱구이 등 골라 먹는 재미가 있다. 미식 탐험과 함께 무안 갯벌을 둘러보고 연꽃도 감상하며 오감이 만족스러운 진정한 웰빙 여행을 즐겨보자.

무안 생태 갯벌센터

람사르 습지로 등록된 무안 갯벌은 모래와 모래갯벌, 뻘갯벌, 자갈 등 서식지 형태가 다양한 특징을 지닌다. 특히 함해만은 갯벌 생물들의 산란지로 자연 침식된 육지 토양과 사구가 만나 특수한 갯벌 지질을 이루고 있는 곳이다. 면적 35.6㎢에 달하는 함해만 일대는 2001년 전국 최초로 갯벌 습지보호지역으로 지정되어 관리되고 있다.

이곳 용산 마을에 건립된 무안 생태 갯벌센터는 생명의 보고인 갯벌 환경을 관찰하고 배울 수 있는 생생한 학습의 장이다. 갯벌과 인접한 넓은 부지에 전시관과 생태 연못, 잔디 정원 등이 조성되어 있어 가족과 함께 한나절 나들이 코스로 좋다.

1층 갯벌생태관은 전시관 전체를 갯벌처럼 꾸며놓아 더욱 실감나는 관람을 할 수 있다. 전시관에 들어서면 자동적으로 입체적인 영상 안내가 시작된다. 설명이 끝나고 나면 스크린이 올라가면서 바깥 갯벌 전경이 그림처럼 펼쳐진다. 갯벌 탐사관에서 갯벌에 관해 좀 더 공부한 후 곧바로 야외로 나서보자. 탐방로를 이용하면 칠면초나 퉁퉁마디 같은 염생 식물들을 관찰하거나 갯벌 속에서 꼬물거리는 다양한 생명체들을 발견할 수 있다.

전라남도 무안군 해제면 유월리 1-1 ☎09:00~18:00(입장은 17:00까지), 매주 월요일, 설 및 추석 연휴기간 휴관 ⓦ어른 1,500원, 청소년 1,000원, 어린이 500원 ☎061-453-5010 www.ppul.or.kr

숨바꼭질같은 갯벌 탐험 t!p

너르게 깔린 갯벌은 얼핏 보면 아무것도 살지 않은 허허벌판 같아 보인다. 하지만 자세히 들여다보면 손톱만한 작은 게들과 손가락 굵기를 가진 짱뚱어들이 사방에 널리 퍼져 있는 것을 알 수 있다. 작은 소리에도 금세 구멍 속으로 쏙 들어가 버리거나 정지된 것처럼 그대로 움직임을 멈추기 때문에 이들을 보려면 조금은 인내와 끈기가 필요하다. 가만히 귀를 기울이면 뾱뾱거리는 공기방울 소리까지 들려온다. 갯벌이 살아 있다고 느끼는 순간이다.

1 야외 갯벌에서는 작은 게들과 짱뚱어들을 직접 관찰할 수 있다. **2,3** 아이들의 흥미를 유발시키는 전시관 내부

무안 낙지 골목

산지에서 먹는 낙지 요리는 역시 뭔가 다른 맛이 난다. 무안읍 버스 터미널 옆 낙지 골목에는 낙지 요리를 전문으로 하는 음식점 20여 개가 줄지어 늘어서 있다. 이곳에 가면 흔히 먹는 낙지 비빔밥도 왠지 색다르게 느껴진다. 그런가 하면 듣도 보도 못한 낙지 요리들도 즐비하다. 낙지를 기절만 시킨 채 산 채로 먹는 기절낙지, 산낙지 다리를 탕탕 잘게 쳐내 양념과 참기름 친 계란에 슥슥 섞어 먹는 탕탕이, 낙지에 야채를 듬뿍 넣어 새콤하게 무쳐 내놓는 낙지초무침 등 이름만 들어도 입 안에 침이 고이는 음식들이 가득하다.

✉ 전라남도 무안군 무안읍 성남리

낙지 한 마리가 통째로 풍덩!

낙지 연포탕

낙지를 된장 국물이나 육수를 사용해 맑은 탕으로 끓여내는 것으로 시원하고 담백한 맛이 난다. 연포탕 1인분에 낙지 한 마리가 통째로 들어가는데 다른 양념은 거의 쓰지 않기 때문에 낙지 본연의 맛이 깔끔하게 잘 우러나온다.
음주 후 속풀이에도 그만이다. 보들보들한 낙지는 곁들인 야채와 함께 소스에 찍어 먹는다. 육수에 따라 집집마다 맛이 조금씩 다르다. 1인분 10,000원.

산낙지 못 먹는 이들도 도전!

세발낙지

무안에 가면 꼭 먹어봐야 할 필수 먹거리가 바로 세발낙지다. 먼저 산 채로 나오는 세발낙지를 손으로 한번 훑어 내린다. 다음에 나무젓가락에 머리를 끼워 넣고 다리를 돌돌 말아 기름장에 찍어 한 입에 쏘옥. 머리부터 통째로 씹어 먹는다. 야들야들하면서 쫄깃한 식감이 씹을수록 고소한 맛이 난다. 산낙지를 못 먹는 이들이라도 세발낙지는 한 번 도전해볼 만하다. 1개당 4,000원(당일 시가에 따라 다름)

먹어도 질리지 않는 그맛!

낙지 호롱이

무안만의 특별한 낙지 요리법. 나무 젓가락에 칭칭 감은 낙지를 매콤달콤한 양념장에 구워 내놓는다. 적당히 간이 배인 양념과 연하고 부드러운 낙지 살이 환상적인 조화를 이뤄 금세 한 젓가락 뚝딱 해치우게 된다. 먹어도 먹어도 질리지가 않는다.
1개당 7,000~1만원(당일 시가에 따라 다름)

신선한 낙지 회가 가득!

낙지 비빔밥

무안 낙지 비빔밥은 호박과 콩나물, 상추, 무 등 갖은 야채와 함께 잘게 썬 낙지를 가득 올려 내온다. 낙지에는 어떤 조리도 하지 않는다. 냉동 낙지가 아니어서 굳이 다른 양념을 써 볶아내거나 무칠 필요가 없기 때문. 신선한 산낙지 그대로 야채를 곁들여 고추장과 참기름을 적당히 쳐 넣고 비벼 먹으면 그만이다. 입 안에서 차지게 씹히는 낙지 맛이 잊히지 않는다. 1인분 1만5,000원.

무안낙지거리

뻘 낙지들이 잡히는
조금나루 해변

무안읍에서 남서쪽으로 약 12km 정도 떨어진 조금나루 해변은 여름 휴가철마다 사람들로 북적거린다. 4km가 넘는 긴 백사장과 뒤편으로 송림이 우거져 있어 가족들 피서지로도 좋다. 사람들이 빠지는 비성수기 시즌에는 고요하고 평화로운 해변 모습을 담을 수 있다. 해변 주위로는 갯벌이 넓게 펼쳐져 있으며 특히 무안 특산품인 낙지가 많이 잡힌다. 갯벌에서 캐내듯 갓 잡아 올린 산낙지 요리들이 미식가들의 발걸음을 끌어당긴다.

전라남도 무안군 망운면 송현리 1070-5

무안 낙지를 아시나요?

게르마늄이 풍부한 청정 갯벌에서 자란 무안 낙지는 부드러운 육질과 담백한 맛이 미식가들의 입맛을 사로잡는다. 갯벌 색깔과 같이 잿빛 윤기가 흐르며 발이 길게 발달된 게 특징이다. 갯벌의 생명력을 닮아 그런지 생명이 끈질긴 것 또한 무안 낙지의 특징 중 하나다. 무안 갯벌에서 많이 잡히는 세발낙지는 다리가 3개가 아니라 가느다랗다고 해서 가늘 세(細)자가 붙은 것이다. 낙지는 고단백 저지방 음식으로 혈중 콜레스테롤을 억제시키고 피로회복과 간 기능 개선에 효과가 높은 것으로 알려져 있다.

회산백련지

백련 12주에서 시작된 연꽃 나라

회산 백련지는 원래 일제 강점기 시기 축조된 인근 농지에 농업용수를 대던 저수지였다. 영산강 하구둑이 건설되면서 점차 그 기능을 상실해 갈 무렵 마을 주민 하나가 백련12주를 구해 저수지 가장자리에 심었다. 그날 밤 학 12마리가 내려와 앉는 꿈을 꾸고 난 후 이를 예사 꿈이 아니라고 여긴 그와 마을 주민들은 정성을 다해 연꽃을 돌보았다. 이들의 노력으로 연꽃은 해마다 번식을 거듭했고 지금과 같은 동양 최대의 연꽃 자생지가 탄생되었다. 1997년부터 매년 8월 경 연꽃 축제를 열고 있으며 몇 년 전부터 명칭을 연산업축제로 바꿔 개최하고 있다.

동양 최대 연꽃의 향연
회산 백련지

진흙 속에서도 맑고 깨끗한 꽃을 피워내는 연꽃은 바라만 보고 있어도 마음이 정화되는 기분이 든다. 저수지 한 가득 연꽃 향으로 메워진 회산 백련지는 동양 최대의 백련 서식지이다. 33만 여 ㎡ 되는 연방죽에 늦여름부터 초가을까지 새하얀 연꽃이 피어나면 그야말로 천상의 연못이 따로 없다. 우산만한 커다란 연잎과 그 위로 피워 오른 새하얀 꽃이 한 여름철에도 불구하고 시원한 풍경을 선사한다.

백련 꽃 사이를 탐방로를 따라 한껏 누벼본 후에는 수상 유리온실과 수생식물생태 전시관도 들러보자. 수련, 어리연, 가시연, 홍련 등 조금씩 다른 특징을 지닌 연꽃들을 비교해볼 수 있으며 연꽃 말고도 여러 다른 수생식물들을 접할 수 있다. 연꽃을 본뜬 하늘백련 홍보관은 모양이 특이해 멀리서도 눈에 띈다.

✉ 전라남도 무안군 일로읍 복용리 140-1 ⏱ 7월~9월(연꽃 개화기) 09:00~18:00, 10월~6월(비 개화기) 09:00~17:00/ 연꽃 개화 시기 때는 매일 개방하며 비 개화기는 매주 월요일과 국경일에 휴관한다. ₩ 어른 3,000원, 청소년 및 어린이 2,000원(비 개화기에는 각각 2,000원, 1,000원) ☎ 061-285-1323

1 황금박쥐 생태관 **2** 전시관 안을 날아다니는 나비를 볼 수 있다.

나비들의 천국
함평 엑스포 공원

1,000만 평 부지에 조성된 유채와 자운영 꽃길 사이로 수만 마리의 나비들이 자유롭게 날아다니며 꿈과 감동을 전해준다. 함평천 고수부지에 조성된 함평 엑스포 공원은 아이들에게는 현장감 넘치는 생태학습장으로, 어른들에게는 동심으로 되돌아가보는 시간을 선사해준다. 푸른 자연 속에 넓게 펼쳐진 공원 안에는 나비뿐 아니라 어린이들의 호기심을 자극하는 각종 곤충들과 화석, 다육식물, 민물고기 등 한나절 있어도 지루하지 않을 만큼 다양한 볼거리들이 가득하다.

나비·곤충생태관에서는 실제 나비들이 나고 자라는 모습을 가까이서 관찰해보자. 생태관 안은 알부터 유충, 번데기를 거쳐 나비로 탈피할 때까지 모든 성장 과정이 자연적으로 이루어진다. 특히 여름 무렵이면 수많은 나비들이 전시관 안을 날아다니는 장관이 연출된다. 배추흰나비와 호랑나비, 노랑나비 등 20여 종의 살아 있는 나비들을 만날 수 있다. 나비에 관해 더 많이 알고 싶다면 나비곤충표본과 화석전시관을 찾으면 된다. 국내외 7,000여 마리의 나비, 곤충 표본들이 전시되어 있다. 매년 5월 초 경 엑스포 공원에서는 함평나비대축제가 펼쳐진다. 축제 기간에는 풍성한 이벤트와 행사들이 열리며 매년 축제 대표나비가 선정된다.

✉ 전라남도 함평군 함평읍 수호리 1153-1 ⌚ 매주 월요일과 동절기(12월~2월) 기간 휴관. ₩ 어른 5,000원, 청소년 3,500원, 어린이 2,500원, 유치원생 1,500원(나비곤충생태관, 황금박쥐생태전시관, 원예치료관 모두 관람 가능한 통합 관람료임) ☎ 061-320-2214 🖱 www.inabi.or.kr

함평엔 황금박쥐가 산다?! t!p

함평 엑스포 공원에는 번쩍거리는 황금박쥐가 살고 있다. 일명 황금박쥐라 불리는 붉은박쥐는 세계적인 멸종 위기 동물로 국내에서는 함평군 대동면에 처음으로 집단 서식지가 발견되었다. 황금박쥐 생태관에는 황금박쥐와 관련한 흥미로운 내용들이 재미나게 설명되어 있으며 박쥐에 관한 각종 오해들도 풀어준다.
또 이곳 명물인 순금으로 제작된 거대한 크기의 황금박쥐 조형물도 볼 수 있다.

◀◀Travel tip

출발지에 따라 코스 순서를 바꿔도 좋다. 목포 쪽에서부터 출발한다면 회산 백련지, 낙지골목, 조금나루 해변, 갯벌센터, 엑스포 공원 순으로 동선을 짜면 되고, 함평부터 시작한다면 엑스포 공원, 갯벌센터, 조금나루 해변, 낙지골목, 백련지 순으로 이동하면 된다.

흑산도 | 홍도

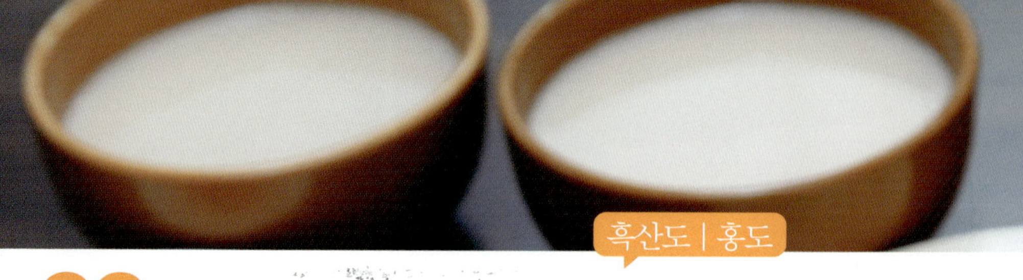

02 막걸리와 홍어가 만났을 때

홍어 요리를 빼놓고는 남도의 맛을 제대로 논할 수 없다. 때때로 한국 음식 문화를 이해하는 지표로도 쓰이는 홍어는 남도를 대표하는 음식으로 어느 잔칫상에건 빠지지 않고 오르는 필수 메뉴다. 코끝을 톡 쏘는 특유의 시큼한 내음을 풍겨내지만 그 맛에 한 번 맛들이면 쉽게 헤어나기 힘들다. 제대로 삭혀진 홍어 회 한 젓가락에 막걸리 한 사발이 술술 넘어간다. 거기다 다도해 해상 국립공원인 흑산도와 홍도의 비경까지 더하면 어느 진수성찬이 부럽지 않다.

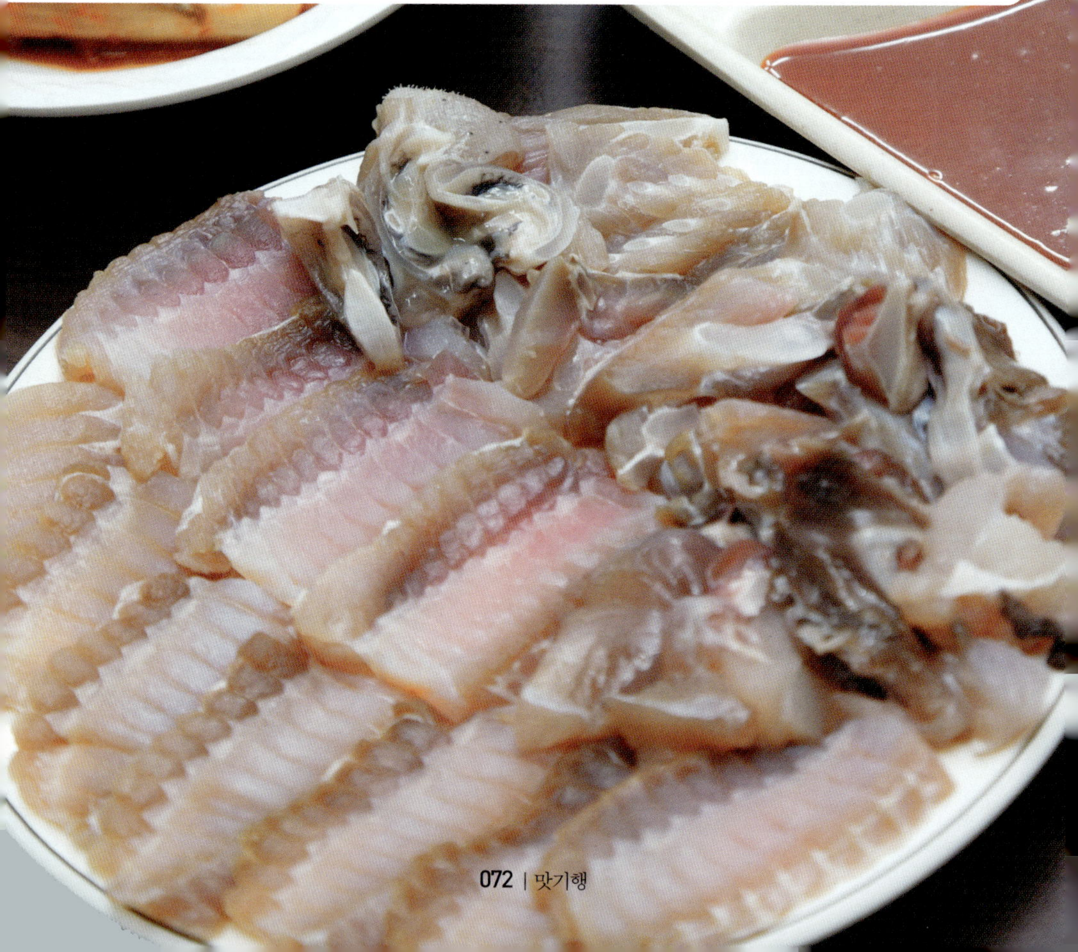

울창한 산림이 검푸른 섬

흑산도

홍어하면 역시 흑산도이다. 서남해안 청청 해역에서 자란 흑산도 홍어는 육질이 차지면서 삭힐 때 나오는 톡 쏘는 풍미가 깊고 진하기 때문이다. 금강산도 식후경이라고 홍어를 맛보기 전 흑산도 일주 유람부터 나서보자. 흑산도의 수려한 경관에 먼저 취해보는 것도 좋지 아니한가. 흑산도 경관에 반하고 홍어 맛에 두 번 놀라게 되는 유람코스. 인생이 행복해진다.

흑산도는 본도인 대흑산도 주변으로 영산도, 장도, 호잠도 등 여러 개의 섬이 늘어서 있다. 면적 19.7㎢에 해안선 길이가 41.8km에 달하는 꽤 큰 섬으로 약 5000여 명의 주민들이 거주하고 있다. 멀리서보면 산과 바다가 푸르다 못해 검어 보인다 해서 붙여진 이름이 바로 흑산이다. 예전에는 해상관광 위주로 관광 루트가 짜여졌지만 2010년 3월 해안 일주도로가 26년 만에 완전 개통되면서 육로 관광 길이 새롭게 열렸다. 섬 둘레를 따라 난 해안도로는 약 26km 정도. 이 도로를 따라 흑산도의 숨겨진 비경들이 하나 둘씩 모습을 드러낸다. 흑산도 육로 관광은 관광버스나 택시를 이용하면 된다. 선착장에 도착하면 대기하고 있는 버스와 택시들을 발견할 수 있다. 버스나 택시 기사가 가이드까지 겸하며 섬 일주에 1시간30분~2시간 정도 소요된다. 단 버스는 하차하지 않고 일주하는 형태로 진행되며 택시는 원하는 곳에 정차할 수 있다.

● 버스 요금은 1인당 9,000 ~1만5,000원 선이며 택시는 4인 기준 6만원(1인 추가 시 1만원)이다.

흑산도의 석양

예리항의 야경

흑산도 예리항

흑산도 육로 관광의 시작점이자 도착점인 곳. 파도가 치지 않을 때는 거울처럼 맑은 수면 위로 하늘이 비치는 듯 하다. 드넓고 푸르게 펼쳐진 예리항과 그 주변 섬들이 마치 파노라마처럼 흐른다.

구비도로

예리항을 지나 상라봉으로 오르는 언덕길은 구불구불한 S자형 도로가 무려 열두 번이나 굽이쳐 있다. 노련한 운전자들도 이곳에서만큼은 안전운행에 만전을 기한다. 굴곡이 심한 고갯길도 대단하지만 양 옆으로 무성하게 자라난 동백숲 군락도 감탄할 만한 볼거리이다. 언덕 정상에는 흑산도 아가씨 노래비가 세워져 있다. 이곳에서는 이미자의 '흑산도 아가씨' 노래가 끊임없이 흘러나온다. 12구비도로를 온전히 눈에 담으려면 상라봉 정상까지 올라야 한다. 물결치듯 굽이쳐 있는 12구비도로가 아슬아슬한 곡선미를 그리며 예리항까지 뻗어나 있다. 이곳에서 바라보는 낙조는 자연의 예술품에 가깝다. 바다에 실루엣처럼 떠 있는 섬들이 아름답기 그지없다.

사리마을

옛날 모래미로 불렸던 사리마을은 흑산도에서 가장 아름다운 마을로 꼽힌다. 언덕 길 위 전망 포인트에서 내려다보면 칠형제 섬으로 불리는 7개의 섬과 잔잔한 바다, 점점이 흩어진 몇 척 어선들이 그림 같은 풍경을 만들어낸다. 사리마을은 흑산도로 귀양 온 정약전이 '복성재' 라는 서당을 차리고 유배생활을 했던 곳이기도 하다. 이곳에서 그는 '자산어보' 를 집필했다.

하늘도로

비리마을로 통하는 400m 되는 절벽 구간은 측면에 옹벽을 치고 하중을 견디게 만든 '캔 레벨' 공법이 도입됐다. 그 덕택에 도로는 절반이 공중에 떠 있는 것처럼 보인다. 마치 하늘로 날아갈 듯 도로 앞쪽으로 새파란 하늘이 마주보이며 해안절벽 아래로는 바다 양식장이 평화롭게 펼쳐져 있다. 벽면에 목포부터 홍도, 가거도 등 인근 지역 섬들을 빠짐없이 그린 벽화도 인상적이다.

지도 바위

마리마을을 지나가는 길목에 독특한 바위섬 하나를 만나게 된다. 이름하야 지도 바위. 큼직한 바위 한가운데 한반도를 본뜬 것 같은 작은 구멍이 하나 뚫려있다. 햇빛에 그림자를 드리운 형상이 영락없는 우리나라 지도 모양이다. 오랜 시간에 걸쳐 형성되었을 지도 바위는 통일을 바라는 우리의 소망을 담고 있는 듯 하다.

사리마을

지도바위

1 상라봉에서 보이는 흑산도의 일몰 2 홍어는 김치나 고추장에 찍어 먹는다.

흑산도에서 맛 보는 홍탁 한 접시
홍어거리

섬을 둘러본 후에는 흑산도 선착장에 조성된 홍어 거리로 발걸음을 옮긴다. 이곳 부둣가를 따라 홍어 요리 음식점들과 도매점들이 줄줄이 늘어서 있다. 거리로 접어들면 비릿한 바다 내음과 함께 시큼한 홍어 삭는 냄새가 폴폴 흘러나온다. 사실 삭힌 홍어 요리는 나주 영산포에서 유래했다. 고려 말 왜구의 침략과 강제 이주로 인해 흑산도를 떠나게 된 섬 주민들이 영산강을 타고 내륙으로 들어와 정착한 곳이 바로 영산포이다. 뱃길로 4~5일이 걸리는 동안 싣고 온 생선 중 유일하게 홍어만이 썩지 않고 삭은 맛이 나니 이를 별미로 먹게 된 것이 지금까지 이른 것이다.

홍어가 자연 발효되면서 나는 암모니아 냄새는 코를 막아야 할 만큼 지독하다. 때문에 처음엔 누구나 먹기를 꺼려한다. 하지만 흑산도까지 와서 홍어를 맛보지 않고 간다면 두고두고 섭섭할 일이다. 반주로는 약간 텁텁하게 느껴지는 막걸리가 제격이다. 홍어의 찬 성질과 따뜻한 성질의 막걸리는 음식 궁합으로도 최고다. 지릿하면서 시큼한 홍어와 달짝지근한 막걸리가 환상적인 맛의 조화를 이룬다. '홍탁'은 바로 홍어와 탁주(막걸리)를 두고 생긴 말이다.

홍어 꼬리표를 꼭 확인하세요!
홍어가 흑산도 산인지 알아보려면 바코드를 확인하면 된다. 2009년부터 신안군은 '흑산 홍어 생산 이력관리 시스템'을 도입해 수입산이나 타지역 홍어를 흑산도 산으로 속여 파는 일을 원천봉쇄하고 있다. 흑산도에서 잡힌 홍어마다 생산일자와 홍어잡이 어선 정보 등이 담긴 바코드를 부착해 소비자들이 직접 생산지 진위 여부를 알아볼 수 있다. 바코드 번호를 신안군 홈페이지(www.shinan.go.kr)나 자체 홈페이지(www.shinan-heuksan.com)에 입력하면 관련 정보가 바로 뜬다.

● 음식점에서 주문할 때 삭힌 정도를 물어보기도 하는데 처음 맛본 다면 약간 덜 삭은 회를 선택하는 게 좋다. 푹 삭은 홍어 회는 냄새가 너무 심해 거북스럽게 느껴질 수 있다. 삭은 홍어 회는 묵은 김치와 함께 싸 먹는데 입맛에 따라 고추장을 곁들이기도 한다. 홍어삼합은 홍어와 묵은지, 돼지고기를 함께 싸 먹는 것으로 고소한 맛을 낸다. 흑산도에서는 홍어를 삭히기 전 싱싱한 회로 먹기도 하며 홍어찜, 홍어탕 등 다양한 요리를 맛볼 수 있다. 홍어회 한 접시 3만~5만원 선 막걸리는 5,000원. 홍어찜이나 홍어탕은 3만~7만원 선이다.

석양에 붉게 빛나는 섬
홍도

흑산도에서 멀리 떨어지지 않은 곳에 떠 있는 홍도는 흑산도와 함께 둘러보면 좋은 코스다. 홍도 주변으로 재미난 전설들을 품은 기기묘묘한 바위섬들이 가득한데다 해가 질 무렵이면 섬 전체가 타들어 가듯 붉게 보이는 모습이 장관을 이룬다. 선착장 인근 언덕 마을에 옹기종기 모인 아담한 건물들은 그리스 산토리니를 연상시킨다. 눈이 부실 정도로 반짝거리는 수평선과 수정처럼 맑은 바다 정경은 천상 세계에 온 것 같은 신비로운 기분까지 들게 한다. 홍도는 총 면적이 6.47㎢에 불과한 작은 섬이다. 누에 모양을 한 섬 안에는 마을이 두 개 형성되어 있으며 마을 간 왕래는 배를 이용한다. 홍도 관광은 보통 유람선을 이용하는데 섬 주변을 돌며 홍도 10경과 홍도 33경을 둘러보는 코스가 일반적이다. 갖가지 형상을 한 바위섬들과 빽빽하게 자라난 소나무들, 크고 작은 동굴들을 지나는 해상 유람 동안 홍도 관광의 진수를 맛볼 수 있다. 해상 유람 도중 인근 고기잡이 배에서 즉석으로 회를 떠 주는 선상 횟집이 열린다. 우럭이며 돔, 광어, 볼락 등 갓 잡아 올린 싱싱한 생선회가 풍성하게 한 접시 담겨 나온다. 바다 위에서 먹는 회 맛이 그야말로 꿀맛이다. 한 접시 3만원.

●홍도 해상 유람은 남쪽부터 시작해 서쪽과 북쪽으로 한 바퀴 돌아오는 코스로 진행된다. 각 포인트마다 맛깔스럽게 썰을 풀어내는 가이드의 해설이 유람의 흥을 돋운다. 대부분 볼거리가 오른편에 있기 때문에 방향을 잘 잡아 앉아야 한다. 소요 시간은 약 2시간30분 정도. 유람선 요금은 1인당 1만9,000원이다. ☎061-346-2244 🖥hongdoro.com

슬픈여

일곱 남매 바위라고도 불리는 이 돌섬에는 부모님을 애타게 부르는 슬픈 남매의 전설이 어려 있다. 옛날 마음씨 고운 부부가 배를 타고 나갔다 오다 풍랑을 만나 가라앉고 말았는데 이를 본 일곱 남매가 부모님을 부르며 바다로 걸어 들어갔다.
바다 속 깊이 들어간 이들 남매는 그대로 굳어 바위로 변해버렸다. 홍도 제 6경으로 꼽히는 슬픈여는 이들의 아련한 사연을 간직한 전설의 섬이다.

남문바위

홍도 제 1경인 남문바위는 홍도의 관문이라고 할 수 있다. 커다란 바위섬에 작은 배 한 척 지나갈 수 있는 구멍이 뚫려 있는 게 신기하다. 이 구멍을 통과하면 일 년 내내 더위를 먹지 않고 소원이 성취되며 고깃배 경우 고기를 많이 잡을 수 있다는 전설이 내려온다.

거북바위

마치 바위로 기어 오르는 듯한 형상을 하고 있어 거북 바위라는 이름이 붙었다. 홍도의 수호신으로 액귀를 쫓고 풍어와 안전한 항해를 보살펴 준다고 전해진다. 홍도 제 9경이다.

1 홍도 전경 2 선상횟집 3 거북바위

독립문 바위

홍도 제 8경인 독립문 바위는 그 모양새가 육지에 있는 독립문과 비슷하게 생겼다 해서 붙여진 이름이다. 무척 두터워 보이는 바위에 직사각형 형태의 구멍이 뚫린 게 이채롭다.

두 발로 뚜벅뚜벅 섬 한 바퀴

홍도 관광은 지금까지는 해상 관광이 주를 이뤘지만 최근 섬 내에 숙박 시설들이 많이 갖춰지면서 내륙 탐방 코스도 활성화 되고 있다. 아기자기한 섬 마을에서 하룻밤 쉬어가며 섬 구석구석 찬찬히 둘러보기를 권한다. 섬 내에 대중 교통수단은 없으며 탐방로를 따라 쉬엄쉬엄 걸어 다니면 좋다. 풍란의 자생지이기도 한 홍도는 희귀식물과 동물, 곤충의 보고로 동백수림과 자연관찰로 등이 잘 가꾸어져 있다. 깃대봉 정상은 우리나라 100대 명산 중 하나로 꼽히는 곳으로 오르는 길목마다 무성하게 우거진 수풀림이 탄성을 내지르게 한다. 단 홍도는 섬 자체가 천연기념물(제 170호)인 곳으로 풀 한 포기, 돌 하나도 외부로 반출해 나갈 수 없다.

04 전통발효음식 체험관광 (맛과 술)

부드러운 목 넘김과 입 안을 맴도는 달달한 맛, 거기에 몸에 좋은 유산균까지 풍부하니 막걸리 맛 한 번 기가 막히다. 최근 불어 닥친 막걸리 열풍은 부산이라고 예외가 아니다. 부산 금정산 막걸리에는 역시 동래파전 안주가 제격이다. 여기에 곁들일 또 다른 음식은 기장 지역의 전통음식인 짚불 곰장어 구이. 기분 좋은 취기가 길 떠나는 즐거움을 더한다. 싱싱한 활어회가 생각난다면 일단 먼저 자갈치 시장을 찾을 것. 송정 해수욕장에도 신선한 횟감들이 수두룩하게 널렸다.

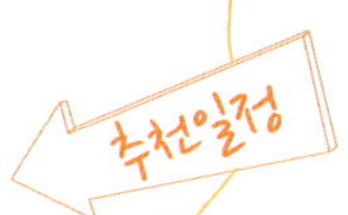

대변항

항구에 조성된 노점상

기장 미역과 멸치의 산지
대변항

활이 휜 것과 같은 모양새를 하고 있는 대변항은 멸치 축제가 열리는 봄철에 가장 북적거리며 반대로 겨울이면 한산하고 호젓한 풍경으로 한 철을 보낸다. 잔잔한 파도와 맑은 하늘은 대변항의 트레이드 마크와도 같다. 항구를 따라 길게 뻗은 도로변에는 식당과 횟집, 포장마차들이 늘어서 있어 맛 여행을 즐기기에도 그만이다. 무엇보다 기장은 특산품인 미역과 멸치가 유명한 곳이다. 특히 기장 미역은 산지 이름이 브랜드처럼 여겨질 만큼 질 좋기로 유명하다. 동해 남부 지역에 위치한 기장은 수온과 자연 환경이 미역이 자라기에 가장 좋은 조건을 지닌 덕분에 이곳에서 생산된 미역은 다른 지역 미역들보다 더 쫄깃한 맛을 낸다. 기장 미역으로 국을 끓이면 국이 흐물거리지 않고 포들포들 살아있는 게 특징이다. 맛 탐험 후에는 깔끔히 정비된 노점상에서 기장 미역과 멸치, 새우, 오징어 등 특산품 쇼핑 삼매경에 빠져보도록 하자.

대변항을 거닐다 보면 방파제 쪽으로 가족들과 함께 낚시를 온 여행객들이 한 자리씩 차지하고 앉아 여유로운 오후의 한때를 보내는 모습도 종종 눈에 띈다. 항구를 조금 지나 보이는 언덕길을 오르면 영화 '친구'가 촬영되었던 장소도 찾아볼 수 있다. 주인공 4명이 어린 시절 수영 내기를 하며 추억을 쌓았던 곳으로 지금은 공원으로 조성됐었다. ⊠ 부산광역시 기장군 기장읍 대변항

기장의 별미, 짚불 곰장어

짚불 곰장어 구이는 기장 지역의 전통 음식이다. 화력이 센 참나무보다 활활 타올랐다 금세 사그라지는 볏집은 곰장어를 알맞게 구워내는데 최적이다. 곰장어는 살아있는 채로 굽는데 익으면서 동그랗게 말리는 모양새가 특이하다. 새까맣게 된 껍질을 벗겨내면 탱탱하고 쫄깃한 하얀 속살이 나온다. 마치 곱창 같은 느낌도 나는 게 느끼하지 않고 고소하다. 기름장에 찍어 먹어도 되고 삼겹살 먹듯 쌈에 싸서 먹어도 맛있다. 처음 맛보는 경우라면 조금 비릿하게 느껴질 수도 있지만 한 번 맛들이면 계속 찾게 된다. 대변항이나 시랑리 부근에 곰장어 음식점들이 밀집해 있으며 4대째 이어오고 있는 '기장 곰장어' 집이 유명하다. 짚불 곰장어 1kg(2~3인분) 40,000원. 051-721-2934 www.pusanfish.co.kr

바다가 이렇게 재미난 곳이었어?
수산과학관

수산과학관은 수산도시로서의 부산을 상징하는 공간이다. 지구 표면의 71%를 차지하고 있고 인류 자원의 보고인 바다 속의 세계를 속속들이 알아볼 수 있는 배움터다. 1920년대부터 국립수산과학원에서 수집된 15개 분야에 7,400여점의 전시물이 있다. 희귀종의 어패류 표본을 비롯해 주요 어구나 어법의 모형, 해산물을 이용한 식품, 해마와 열대어, 고래 테마관, 바다목장과 미래 어촌 등 바다에 관한 모든 자원을 흥미롭게 알아볼 수 있다. 오래된 박물관인 만큼 평면적인 시청각 자료로 구성된 전시관이 대부분이지만 물고기 박제 전시실에 들어서면 그림이나 사진에서만 보던 수많은 해양 생물을 입체적으로 보게 된다. 남해안 일대에 서식하는 볼낙, 쏨뱅이, 쥐치, 농어 등을 비롯해 용치놀래기, 해포리고기, 파랑돔, 범돔, 돌돔, 참돔, 까치상어, 시베리아철갑상어, 쉬리, 칼납자루, 납줄갱이, 청소새우 등 쉽게 접하지 못하는 다채로운 물고기를 직접 볼 수 있다. 게다가 최근에는 해운대 해수욕장에서 발견된 초대형 산갈치 박제도 새롭게 추가돼 더욱 흥미롭다.

작은 규모지만 복어나 불가사리, 송사리 등의 작은 해양생물을 만져볼 수 있는 터치 풀도 마련돼 있다. 무엇보다 소년들의 사랑을 한몸에 받는 곳은 실제 배를 개조해 만든 선박 전시관. 이곳의 선박 조종 체험실에서는 선박운행에 이용되는 항해 및 통신 장비를 실물 그대로 설치해놓아 마치 선장이 된 듯 조타 장비들을 더욱 자세히 살펴보게 해두었다.

✉ 부산광역시 기장군 기장읍 시랑리 408-1 ₩ 어른 2,000원, 청소년 1,000원
☎ 동절기(11~2월) 09:00~17:30, 하절기(3~10월) 09:00~18:00 (설연휴, 추석연휴, 월요일 휴관) ☏ 051-720-3061~5

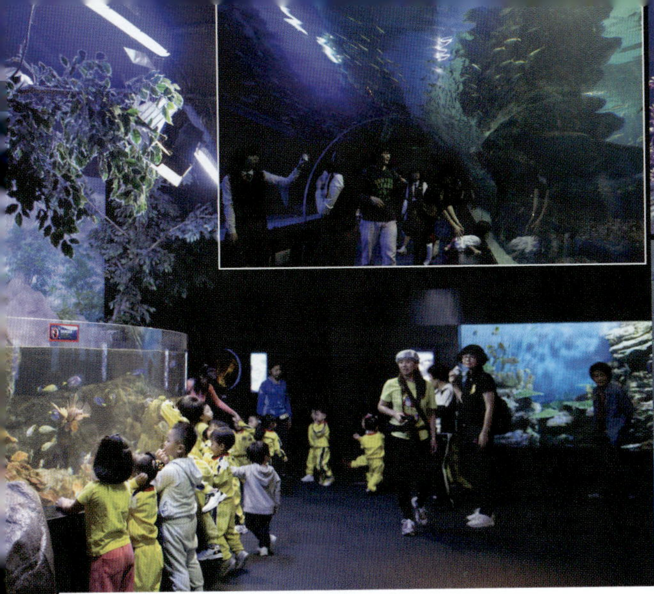

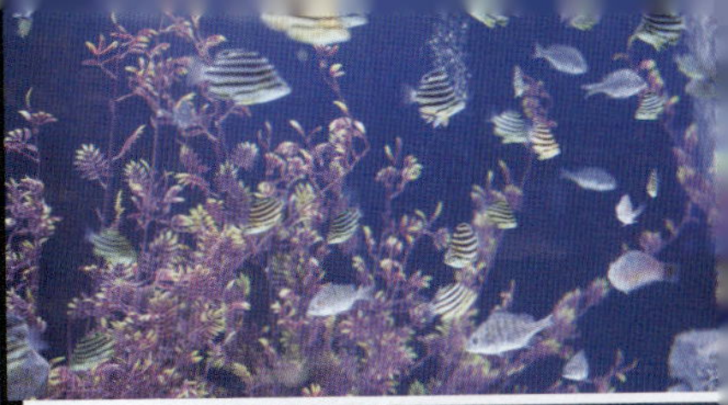

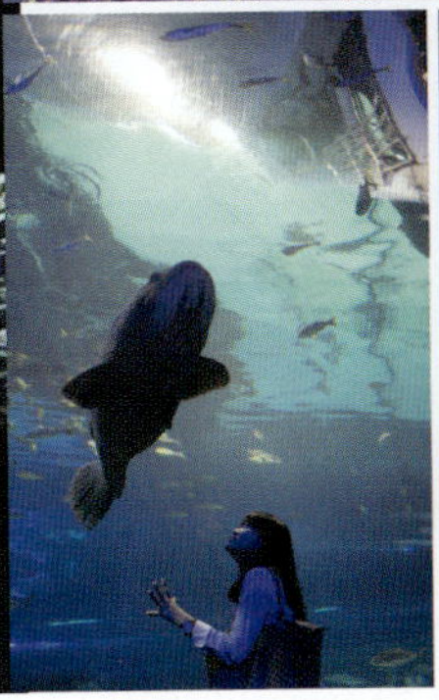

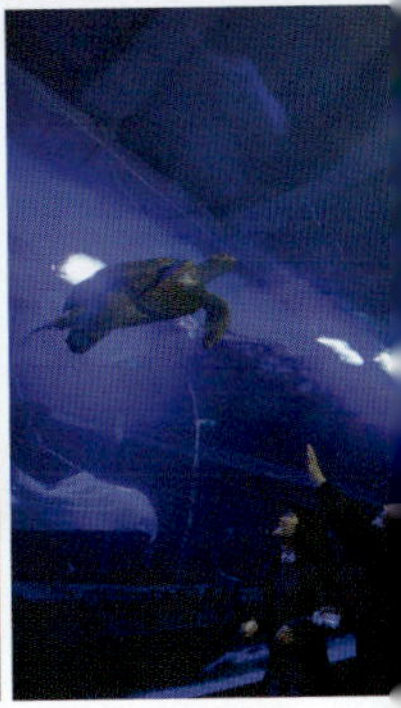

부산 아쿠아리움

부산 아쿠아리움은 단일 시설물로는 국내 최대 규모의 수족관으로도 명성이 자자하다. 지상 1층부터 지하 3층까지의 전시실에는 테마별 특성을 살린 99개의 수족관과 3,500톤의 메인 수족관, 바다 속 생물을 직접 만져볼 수 있는 터치 풀등을 갖추고 있다. 400여 종 5만여 마리의 심해어류가 푸른 조명 속에서 유유히 수조안을 헤엄치고 있어 흡사 해운대 바다 안으로 스노클링하며 관람하는 느낌이다. 뿐만 아니라 국내 최대 길이를 자랑하는 80m 길이의 해저 터널과 시뮬레이터, 국내 최대의 상어 탱크도 볼거리를 더한다. 커다란 가오리와 몸길이가 3m에 달하는 그레이너스 샤크와 주둥이가 뭉툭한 망치 상어, 다큐멘터리 〈아마존의 눈물〉 속에서만 보던 세계 최대의 민물고기 피라루크와 세계에서 가장 큰 문어인 태평양 대문어 등이 부산 아쿠아리움의 간판 스타다. 앙증맞은 크기의 자카드 펭귄과 관람객들은 뒷전으로 하고 유유자적 헤엄을 즐기는 수달은 특히 어린이들의 사랑을 독차지한다. 바다 속에 움직이는 꽃처럼 아름다운 해파리와 부산 바다의 각양각색 장어, 희한한 모양의 게 등은 눈을 떼지 못하게 만드는 신기한 바다생물이다.

✉ 부산광역시 해운대구 중1동 1411-4 ₩ 어른 1만7,000원, 중고생 1만4,500원, 어린이 1만2,000원 ⌛ 10:00~19:00 (토, 금, 일, 공휴일과 여름방학 기간에는 09:00~21:00) ☎ 051-740-1700 🖱 www.busanaquarium.com

부산 아쿠아리움에서만 즐기는 체험 tip

부산 아쿠아리움에는 다른 아쿠아리움과는 다른 짜릿한 체험거리가 가득하다. 그중에서도 샤크 다이브는 그야말로 스릴 넘치는 이색 체험이다. 거대한 상어 탱크에 잠수복을 입고 들어가 무시무시한 상어와 함께 거대한 수조 안을 유영할 수 있다. 다이버 자격증이 없어도 만 16세 이상이면 누구나 체험해 볼 수 있다. 단, 체험 3일 전까지 홈페이지를 통해 예약을 해야 한다. 어린이나 커플들에게 특히 인기 있는 상어 수조 관람선 코스는 가이드의 설명과 함께 바닥이 유리로 된 보트를 타고 상어 탱크 속을 관찰하며 상어에게 먹이도 줄 수 있다. 정해진 시간에 운행되니 탑승 예약을 해두고 수족관을 돌아보는 것이 좋다. 이 외에도 국내 최초 상어 피딩쇼, 수중 마술쇼, 3D 라이더도 관람객들의 사랑을 얻는다.

₩ 3D 라이더 5,000원, 입장권과 함께 구매시 4,000원 샤크 다이브 – 자격증 미소지자 1인당 9만5,000원, 자격증 소지시 7만5,000원 상어수조 관람선 – 5,000원

영양만점의 동래파전

신선한 횟감이 가득한 자갈치 시장

고소한 막걸리 한 모금에 파전 한 점!
동래파전 & 막걸리

현재 파전은 저렴하게 배불리 먹을 수 있는 대표적인 서민 음식으로
자리 잡았다. 하지만 그 편견은 호사스러운 동래파전 앞에서 보기
좋게 깨진다. 동래파전의 역사는 정확한 문헌 기록으로는 없지만,
조선시대 동래부사가 삼월 삼짇날 임금님께 진상했던 고급 음식이
라고 알려진다. 일반적인 파전이 밀가루를 사용하지만 동래파전은
쌀가루(찹쌀·멥쌀) 등의 곡물로 요리한다. 거기에 싱싱한 쪽파 위
에 파, 미나리와 함께 대합, 홍합, 굴, 새우, 조갯살 등 갖은 해산물을
얹어 부친다. 마지막으로 달걀을 풀어 지져내면 향기롭고 고소한 동
래파전이 완성된다. 동래파전은 청색, 황색, 백색, 흑색, 적색 등이
골고루 조화돼 보기만 해도 구미를 당긴다. 영양가도 뛰어나다. 비
타민이 풍부한 파, 미나리와 칼슘이 풍부한 해산물, 달걀 등이 고루
배합돼 빈혈이나 성인병 예방에도 좋다.

동래파전에 부산의 향토주인 동시에 우리나라 민속주 1호인 산성
막걸리를 곁들이면 그보다 좋을 게 또 없다. 금정산성의 산성막걸리
의 유래를 찾으려면 조선시대로 올라간다. 금정산성 주변에 모여 살
던 화전민들이 돈을 벌기 위해 누룩을 만들었던 데서 시작되어 그
역사가 300년에 이른다. 1703년 숙종 때에는 왜구의 침략에 대비해
금정산성을 쌓기 위해 이 지역으로 징발돼 온 전국의 인부들이 이
막걸리 맛에 반했고 고향에 돌아가서도 산성 막걸리의 맛을 주변 사
람들에게 알려 입소문이 나서 전국적으로 명성을 얻었다.

1 동래파전 2 곱창골목 3 곱창전골 4 신선한 회 5 자갈치시장

산성막걸리와 곁들이기 좋은
먹을거리 테마 거리

파전낙지골목

동래구청에서 동래교차로 쪽으로 내려오는 길의 초입이 파전낙지골목이다. 특히 가장 유명한 동래파전 가게로는 부산시가 지정한 향토음식점 1호점인 동래할매파전을 꼽을 수 있다. 그 역사만 해도 80년을 헤아리며 무려 4대를 이어 내려온 유서 깊은 파전이다. 2명이 맛보면 좋은 작은 파전은 2만원, 3~4인용의 중간 사이즈는 3만원, 동동주는 6,000원이다.

＊동래할매파전 ✉ 부산광역시 동래구 복천동 367-2
☎ 051-552-0791~2 🌐 www.dongraehalmaepajun.co.kr

남포동 곱창골목

맛있는 양곱창을 먹으려면 부산으로 가자. 부산은 전국 최대규모의 양곱창 소비지인 까닭에 전국에서 가장 맛있는 양곱창은 부산으로 먼저 공수된다고. 남포동의 양곱창 골목은 전국 최대 규모의 '양곱창 골목'이다. 무려 세 블록에 걸쳐서 골목이 형성되어 있다. 양곱창은 소 위장의 '양'과 작은창자인 '곱창'을 붙여 부르는 말로 이 골목에서 주문을 하면 양, 대창, 곱창, 막창, 염통 등을 섞어 한 접시가 나온다. 숯불에 지글지글 노랗게 구워 뜨거울 때 먹는 양곱창은 기름지면서도 고소한 맛이 난다. 막걸리도 좋겠지만 기름진 곱창은 소주랑 더 잘 어울리는 메뉴다. 이곳에서 아무 집이나 가도 실패할 확률이 적지만 부산 사람들이 아끼는 곱창 전문 가게 중 하나는 이화 양곱창. 곱창은 당연하고 곁들여 나오는 소스도 입맛을 돋운다. 곱창 전골도 수준급이다. 곱창 구이는 1인분에 1만 3,000원 전골은 대 3만5,000원, 중 3만원, 소 2만5,000원이다.

＊이화양곱창 ✉부산광역시 중구 부평동 2가 24-15 ☎051-246-9282

회거리

부산에서 꼭 먹어야할 것 중 하나는 단연 싱싱한 회! 자갈치 시장, 청사포 회거리, 해운대 해수욕장을 따라 줄지어 있는 바다마을 등에서 비교적 저렴하고 맛있는 활어회를 즐기기 좋다. 특히 광안리에 조성된 민락회촌은 30년의 역사를 자랑하는 대형 회센터다. 활어판매장에서 횟감을 고른 뒤 초장을 포함한 자릿세만 받고 회를 떠주는 방식이다. 광안 대교를 바라보며 회를 맛볼 수 있어 여행 기분과 맛있는 회를 동시에 즐길 수 있어 금상첨화다. 회만 즐기는 것보다 여러 가지 해산물을 곁들이는 게 좋다면 민락동의 용마횟집을 찾을 것. 스무가지가 넘는 요리와 싱싱한 활어, 초밥, 매운탕 등이 한상 가득 나온다.

＊용마횟집 ✉민락동 수변공원 앞 바다산책 2층 ☎ 051-759-7337

04 접빈음식 발굴 프로젝트

'부산' 하면 으레 돼지국밥만을 떠올리고 부산이 '미식여행'으로 그리 적합한 곳이 아
니라는 편견이 있었다면, 미식 천국으로 부산을 다시 볼 기회다. 짭조름한 바다 향이
느껴지는 갖가지 해산물, 임진왜란 등의 큰 전쟁을 겪으며 발달한 서민음식, 일찌감치
한류의 시작점이었던 조선통신사의 접빈 요리를 비롯해 온갖 산해진미가 부산 곳곳에
옹골차게 퍼져있다.

서민을 위한 가장 뜨거운 위로

돼지국밥

1592년 4월 14일(음력) 아침, 왜구는 동래읍성을 침공했다. 참혹한 전투이자 기나긴 7년간의 전쟁이었던 임진왜란의 중심지는 옛날 부산 지역의 중심지인 동래 일대였다. 지난한 전쟁 중에도 서민들은 고단한 삶을 이어가고 가족을 지키기 위해 하루하루 뱃속을 채울 음식을 시장으로부터 수혈 받았다. 왜란 당시 서민들의 먹을거리를 책임지던 동래장터는 현재 2층짜리의 현대적인 건물 시장으로 탈바꿈했다. 동래시장 뒤로 임진왜란 중 순절한 송상현 동래부사를 기리는 송공단이 있다.

동래시장의 1, 2층을 비롯해 시장을 중심으로 여러 골목에는 곰장어 골목, 파전 골목, 낙지 골목, 통닭골목 등으로 불리는 여러 먹자골목이 있다. 그중 임진왜란 때에도 서민들의 배를 든든히 채워줬던 음식으로는 칼국수와 돼지국밥을 빼놓을 수 없다. 돼지 뼈를 푹 고아 진하게 우려낸 국밥 한 그릇에 전쟁을 이겨내고 굳센 삶을 살아갈 힘과 용기를 얻었던 옛 사람들을 기억하며 '전쟁'의 의미에 대해 되새겨볼 기회를 얻을 수 있다.

⊠ 동래시장 8부산광역시 동래구 복천동　⊠ 복천박물관 8 부산광역시 동래구 복천로 63

소박한 돼지국밥 한 그릇에 담긴 역사

t!p

돼지국밥 골목에는 네다섯 곳의 국밥집이 늘어서 있다. 그중 재민국밥(051-553-0034)이 인근 사람들에게 인기가 높다. 돼지국밥 내장국밥이 각 5,000원, 따로국밥 5,500원, 수육백반 8,000원이다. 고추냉이 간장 소스와 함께 이집만의 유자청 소스가 특색 있다.

1 동래시장의 내부 2 동래시장 3 구수한 돼지국밥

한류의 시작점
통신사

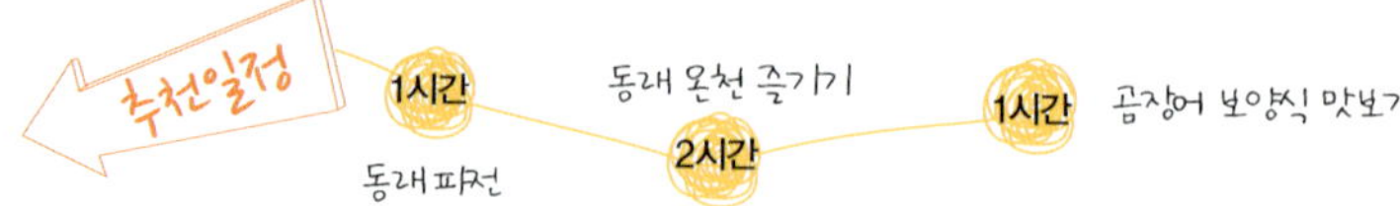

오래 전에도 한류는 있었다. 조선이 일본에 파견한 '통신사'가 바로 그것. 통신사는 조선국왕이 일본에 파견했던 공식 외교사절이었다. 통신사의 규모는 국왕의 사신을 비롯해 조선의 최고 관료, 학자, 예술인, 악대, 무인(경호원), 통역관 등을 포함해 300~500명에 이르렀다. 통신사가 한양을 출발해 에도(도쿄)에 도착하는데 걸렸던 시간은 약 6개월에서 1년이 소요됐다고 한다. 통신사의 1차 목적지는 부산. 통신사를 맞는 여러 지역에서 풍성한 연회가 열렸다. 하지만 기름진 음식과 술은 곧 백성의 피와 땀이었기에 정부에서는 부산에서만 통신사를 위한 잔치를 베풀도록 했다. 그리고 통신사는 일본으로 향하는 바닷길에 나서기 전에 안전하게 바다를 건너게 해달라고 출발 당일 해신제를 지냈다.

제사상은 부산에서 나는 계절 재료를 이용해 상을 차렸다. 마른 음식으로는 어숙(대구포), 진자(잣 혹은 개암), 녹포(사슴포), 율황(밤), 검인(가시연밥), 형염(소금), 건조(대추), 능인(마름) 등 8가지. 또 젖은 음식으로는 어해(물고기젓), 근저(미나리묶음), 탐해(소고기 장조림), 순저(생죽순 묶음), 녹혜(노루고기젓), 토해(토끼고기젓), 청저(생무우 묶음), 구저(생부추 묶음) 등 8가지를 올렸다. 해신제 요리는 현재 특별한 이벤트가 열리지 않고는 쉽게 맛보기 어렵다. 하지만 잔치 분위기를 물씬 풍기는 해물과 파를 듬뿍 넣은 동래파전은 통신사 일원이 부럽지 않은 맛을 선사한다. 왕에게 진상됐을 정도로 품질 좋은 동래의 명물 파와 홍합, 새우, 대합 등이 가득 든 두툼한 파전 한 장과 구수한 막걸리 한잔이면 왜 오래 전부터 '동래 파전 맛보러 동래장에 간다'는 말이 내려왔는지 고개를 끄덕이게 된다.

1,2,3 부산박물관에 전시된 조선통신사 행렬 모형과 동래장터

동래구청 인근 골목 안에 있는 '동래할매파전'(051-552-0791~2)집은 4대째 며느리들이 파전을 만들어온 곳으로 유명하다. 싱싱한 해산물로 맛을 내고 밀가루 대신 쌀가루를 이용한다. 구울 때도 돼지기름이나 식용유 대신 유채꽃 기름을 쓰고 간장대신 초고추장에 찍어 먹는 게 특징.

✉ 동래할매파전 8 부산광역시 동래구 복천동 367-2

동래스파센터

신선놀음이 따로 없네
동래온천

부산 동래구 금정산 기슭에 있는 동래온천은 우리나라에서 역사가 가장 오래된 곳이다. 전국적인 명성을 얻은 건 일제시대지만 동래온천의 역사는 신라시대까지 거슬러 올라간다. 병을 낫게 하는 온천으로 알려져 신라시대 왕이 이곳에 목욕하러 여러 번 들렀다고 전해진다. 게다가 조선시대 숙종 때에는 동래 지역을 온천장으로 개발했다는 기록도 있다. 동래온천은 67℃의 비교적 고온의 약알칼리성 식염천으로 이 물을 복용하면 만성 위장병, 류머티즘 질환, 운동장애, 신경통, 관절염, 혈액순환 장애, 심장병에도 효과가 있다고 한다.
동양 최대 규모의 허심청을 비롯해 녹천탕, 천일탕 등 대중 온천 목욕탕과 숙박시설이 밀집돼 '동래 스파 시티'를 이루고 있다. 건강을 위해 발걸음을 하는 온천 나들이에 빼놓을 수 없는 것이 보양 음식이다. 동래 온천 지역은 온천시설을 중심으로 음식점이 다양하다. 이 지역에서 가장 유명한 먹을거리는 곰장어. 서로가 '원조집'이라고 주장하는 문을 연지 30년을 넘은 가게들이 수두룩하다. 보통 1인당 1만~1만5,000원이면 곰장어를 충분히 맛 볼 수 있다.

1,2 동래온천지역에는 온천장을 비롯해 보양식 먹을거리가 가득하다.

부산 8味 

어찌 '부산의 맛'을 여덟 가지로 압축할 수 있으리오. 부산의 음식은 바다가 있어 온갖 해산물이 풍성하고, 모든 문물이 집결되는 항구도시인 까닭에 외지 문화와 어우러진 호방한 풍미를 자랑한다. 거기에 임진왜란 및 6·25 전쟁 등의 아픈 역사를 겪어내며 더욱 깊은 맛을 내는 부산의 대표 요리. 이 정도는 맛봐야 부산을 제대로 여행한 것!

구수한 돼지국밥

돼지 뼈를 푹 고은 육수에 놀랍게 보드라운 돼지고기와 밥이 가득 든 소박한 돼지국밥은 부산 음식의 상징과도 같다. 취향에 맞게 새우젓이나 부추무침을 넣어 간을 해 술술 떠먹는 국밥은 순식간에 한 그릇을 뚝딱 할 정도로 맛있고 간편한 음식이다. 지하철 1호선 범일동역에서 내려서 찾아갈 수 있는 조방 돼지국밥거리와 서면시장의 돼지국밥집들은 대부분이 수준급이다.

싱싱한 회

외지인의 예상과는 달리 부산 사람들은 생각보다 회를 자주 즐겨먹지 않는다. 하지만 해양 도시 부산에서 회를 맛보지 않으면 뭔가 서운하다. 자갈치 시장에서 펄떡펄떡 뛰는 생선을 바로 잡아 2층에서 즐겨보는 것도 방법. 보다 제대로 갖추고 회를 먹으려면 30년 전통을 자랑하는 광안리의 민락회촌이나 부산 미식가들이 사랑하는 해운대 청사포 회거리를 찾을 것.

상큼한 밀면

탱탱한 면발과 시원한 육수를 자랑하는 밀면도 부산의 명물 요리다. 6.25 전쟁 당시 북에서 내려온 피난민들이 평양냉면을 부산 지역에 맞게 메밀 대신 밀가루로 만들어 먹게 된 것이 오늘날 밀면의 시초였다고 한다. 가야밀면과 개금밀면이 체인점으로 무난한 맛을 낸다. 가격도 4,000~5,000원으로 저렴하다.

시원한 복국 

송나라의 시인 소동파(蘇東坡)가 '먹고 죽을 만큼 맛있다'고 극찬한 요리는 바로 복요리다. 부산에 복어 요리가 발달한 이유는 재료 수급이 쉽고 복어 제독 기술과 요리법이 쌓여있기 때문이다. 다른 해산물 요리와 달리 복국은 맑은 탕으로 낸다. 하지만 시원하고 담백한 맛은 어느 생선으로 요리한 매운탕도 따라오지 못한다. 복어는 알코올 대사를 촉진시킨다는 연구 결과가 있을 정도니, 부산에서 해장은 반드시 복국으로 해볼 것.

꼬들꼬들 곰장어

곰장어는 먹장어의 사투리다. 곰장어의 생김새와 맛에 익숙지 않다면 곰장어 양념 구이로 시작해 보자. 매콤달콤하면서 꼬들꼬들한 씹는 맛이 좋다. 미식가를 자부한다면 곰장어의 정수로 일컬어지는 소금구이나 짚불 곰장어에 도전해보자. 부산 자갈치시장 근처나 기장 대변 가는 도로변 등에는 일명 곰장어 거리가 조성돼 있다.

호사스러운 전복죽

기장지역 송정해수욕장의 먹을거리 타운에는 횟집 못지않게 전복죽집이 많다. 전복을 큼지막하게 썰어 넣고 내장까지 더해 푹 끓인 담백한 전복죽은 보양식으로 으뜸이다.

새콤 시원한 냉채족발

부산에서 시작된 요리 중 하나인 냉채족발은 기름기가 적은 꼬들꼬들한 족발을 메인으로 해파리, 갖은 채소에 마늘겨자 소스로 양념한 매콤새콤하고 시원한 별미다. 일명 족발골목이라 불리는 부평동에는 전국 최대 규모의 족발집이 성업 중이다. 그중 부산족발과 한양족발이 가장 사랑받는다.

쫀득쫀득 부산 어묵

어묵을 그리 즐기지 않더라도 부산에서는 부산 어묵을 맛보면 생각이 달라진다. 일본이 원조인 어묵의 제조법이 제대로 반영되고 해산물이 풍성한 지역답게 여러 종류의 어묵이 쫄깃한 식감과 고소한 맛을 자랑한다. 국물을 즐기지 않는 일본과 달리 국물을 좋아하는 한국인의 입맛에 맞게 진하게 우려낸 시원한 국물도 일품이다. 해운대 그랜드호텔 근처 미나미, 부전동 롯데백화점 뒤편의 부산어묵, 수정동 부산일보 뒤쪽 명성횟집 등이 유명하다.

05 남해안의 멋과 氣의 발견

범상치 않은 기운이 흐르는 곳에는 반드시 역사적인 사건이 일어났거나 위인들의 탄생을 둘러싼 갖가지 비화들이 전해 내려오는 법이다. 남해안에도 풍수지리학적으로 손꼽히는 이른바 명당자리들이 숨겨져 있다. 우리나라 3대 기업 창업주나 전직 대통령 생가가 남해안에 자리해 있으며 3대 기도처 중 하나인 보리암 또한 남해가 모두 굽어 보이는 금산 자락에 위치해 있다. 신비로운 자연과 인간의 역사가 만들어낸 '기(氣)'를 찾아 떠나는 여행.

하늘과 산의 정기를 받는
대한민국 국새 전각전

산청 동의보감촌을 지나 산자락을 타고 조금 올라가면 국새 전각전이 나타난다. 대한민국을 대표하는 도장인 국새 관련 전시와 자료물들이 보관될 곳이다. 깊은 산 속에 자리한 터라 주변은 온통 새파란 하늘과 푸른 수풀림으로 가득하다.

워낙에 산세가 수려한 곳이어서 주말에는 많은 등산객들이 이곳을 지나간다. 현재 국새 전각전은 전체 부지 8497㎡ 되는 공간에 전통 목조건물로 된 국새 제작 공간인 전각전과 전시장인 등황전, 수장고 3개 건물이 건립중이다. 전각전은 제4대 국새가 제작된 곳이기도 하다. 수장고 뒤편에는 국새를 형상화 한 거대한 조각물이 세워져 있다. 국새 전각전은 2011년 말을 완공 목표로 한다.

✉ 경상남도 산청군 금서면 특리 1300

허준의 숨결이 깃든
산청 한의학 박물관

국새 전각전에서 내려오는 길목에 조성된 동의보감촌에는 산청 한의학 박물관이 자리해 있다. 산청군이 건립한 전국 최초의 한의학 관련 전문 박물관이다. 제 1전시실인 전통의학실은 한의학의 역사와 우수성을 소개하고 직접 체험해보는 공간이다.

옛날 한약방 풍경을 모형들로 재연해 놓아 흥미를 더하며 우리 한의학의 전통요법에 대해 쉽게 이해할 수 있도록 했다. 한방체험실에서는 전신반응이나 말초혈액순환, 건강나이 측정 등 직접 자신의 건강을 체크해보자. 2층 전시실에는 약초에 관한 많은 것들을 전시 소개하며 자신의 체질을 진단해보고 그에 맞는 음식 처방도 받을 수 있다. 조선시대 의관이나 의녀복을 입고 기념사진도 찍어보자.

✉ 경상남도 산청군 금서면 특리 1300-25 ⏱ 09:00~18:00, 매주 월요일, 1월1일 설날 및 추석일 휴관 ₩ 어른 2,000원, 청소년 1,500원, 어린이 1,000원
☎ 055-970-6461 🖥 http://museum.sancheong.ne.kr

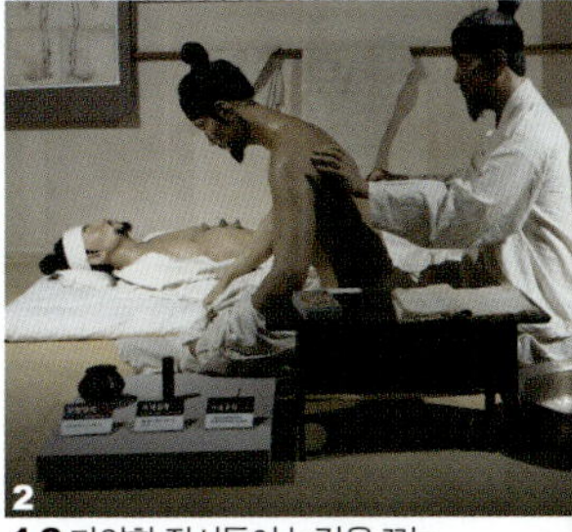

1,2 다양한 전시들이 눈길을 끄는 박물관 내부 모습

남해에 펼쳐진 정감어린 개척정신
가천 다랭이 마을

남해안 곳곳에서 "여기가 정말 우리나라야?"라고 생각되는 곳을 들자면 수도 없다. 그런 곳들 중 하나로 남해 가천의 다랭이 마을을 빼놓을 수 없다. 사진으로 중국 계림이나 베트남 사파의 계단식 논을 보고 여행을 꿈꿨다면 일단 남해 가천 다랭이 마을을 먼저 찾을 일이다.

이곳에는 계단식 논에 바다까지도 덤으로 볼 수 있으니 말이다. 다랭이는 다랑이의 사투리로 '산골짜기 비탈진 곳에 있는 계단식의 좁고 긴 논배미'라는 뜻을 가졌다. 남해 바닷가 기슭을 따라 부드러운 곡선의 계단 모양을 한 초록의 논이 펼쳐진 그림은 외국의 여느 여행지가 부럽지 않은 절경을 자랑한다.

사실 알고 보면 소박한 농촌 풍경을 간직한 다랭이 마을은 주민들의 억척스러운 생활력이 모이고 모여 지금 같은 모습으로 완성됐다. 바다에 접한 마을이지만 어촌이 아닌 농업을 기반으로 하는 까닭은 이곳의 거친 파도와 아슬아슬한 바위, 거기에 잦은 태풍 피해 때문에 포구가 만들어질 수 없었다. 게다가 논경작을 위한 농기구를 댈 수조차 없는 45도로 비탈진 지형 탓에 이곳의 주민들은 지금까지도 일일이 손 농사를 짓고 기계가 아닌 소의 도움을 받아야 했다.

산기슭을 깎고 다듬어 한 평이라도 더 논을 내려고 90도로 세운 석축을 쌓고 지금의 108개 층층계단 680여 개의 다랭이 논을 잉태해냈다. 3평밖에 안 되는 작은 논부터 300평짜리 논까지 크기도 다양하다. 남해 최남

1 시골할매막걸리 2 작은 논마다 다랭이마을 주민들의 성실함을 느껴볼 수 있다.
3 계단식 논이 이국적인 가천 다랭이마을 4 다랭이마을 시골할매 먹거리집의 가자미회

단에 위치한 근사한 풍광, 봄나물이 가장 먼저 나는 따뜻한 기후, 해풍 덕택에 병해충 발생률이 낮아 친환경농업이 가능한 마을, 아직도 개울에 참게, 용담, 가마우지가 서식하는 청정지역…. 거기에 가천 암수바위와 밥무덤 등 마을의 재미난 스토리까지 더해져 남해 가천 다랭이 마을은 2005년 1월 3일 명승 제15호로 지정되었다.

최근에는 드라마 〈신데렐라 언니〉 속에서 은조(문근영)가 어린 시절을 보냈던 마을로 화면에 비춰진 이후 세상 사람들의 주목을 더욱 뜨겁게 받고 있는 곳이기도 하다.

경남 남해군 가천 다랭이 마을
(군내 버스를 이용할 경우 남해읍에서 12차례 다랭이 마을행 버스를 탄다. 종점인 다랭이 마을까지 오는 데는 40분~1시간가량이 걸린다)
010-4590-4642 darangyi.go2vil.org

LG 그룹 구인회 생가

LG 그룹의 창업주인 구인회 회장의 생가는 남해고속도로 지수 IC
에서 빠져나오면 바로 닿는 상동마을에 자리해 있다. 뒤로는 논과
산이 펼쳐져 있고 작은 개천이 흐르는 마을 골목에 단아한 기와집
들이 어깨를 맞댄 모습이 풍수적으로 볼 때 구인회 회장 생가 뿐 아
니라 마을 전체가 명당에 위치해 있다고. 그래서인지 구인회 회장
외에도 GS 그룹으로 분리된 승산 허씨 일가의 한옥 몇몇도 이곳에
세워졌다. 생가 안에는 구인회 회장의 조부인 만회공과 아버지인
춘강 재서공을 추모하기 위해 세운 방산정과 모춘당이 보인다. 모
춘당에는 '검소함으로 집안을 다스리고 공경함으로 몸을 닦아라'
와 같은 만회공의 가르침들이 기둥마다 붙어 있다. 구인회 회장은
진주시 중앙시장에서 포목점을 하면서 사업에 첫발을 내딛었으며
1940년 LG 그룹의 발판이 된 주식회사 구인상회를 만들었다.

✉ 전라남도 진주시 지수면 승산리

1 단아하게 꾸며진 구인회 생가
2 모춘당 기둥에 붙은 가훈들.

효성 그룹의 조홍제 생가

효성그룹의 창시자인 조홍제 회장 생가는 마을 가운데 들판처럼 펼쳐진 논밭 사이에 자리해 있다. 멀지 않
은 곳에 야트막한 산이 아늑하게 감싸고 있는 지형이다. 토담 위에 단정하게 얹어진 기왓장들과 곳곳에 담
쟁이덩굴이 얽혀 있는 풍경이 정갈하면서도 고풍스런 멋을 풍긴다. 안에 들어서면 깔끔하게 정리된 잔디
밭과 가옥들이 포근한 기운을 느끼게 한다. 안쪽에 우물이 하나 눈에 띄는데 아직도 안에 물이 고여 찰랑찰
랑 거린다. 조홍제 회장은 이병철 회장이 삼성물산을 설립할 때 공동 출자했으며 이후 동업관계를 정리하
고 1962년 효성물산 주식회사를 설립했다. ✉ 전라남도 함안군 군북면 동촌리 1148

1 조홍제 생가 **2** 우물이 놓인 생가 내부

1 이병철 회장 생가 2 생가내 기와집
3 부의 기운이 가장 많이 모여 있다는 바위절벽

부자 기운 가득한 바위절벽
삼성그룹 이병철 회장 생가

삼성그룹의 창업자인 이병철 회장은 1910년 경상남도 의령에서 태어났다. 이병철 회장은 1938년 대구에서 삼성상회를 시작으로 삼성조선, 삼성반도체, 삼성물산 등을 차례로 설립했으며 1961년에는 한국경제인협회를 발의하고 초대회장을 역임하기도 했다.

그가 태어난 생가는 지금도 옛 모습 그대로 보존되어 있으며 이 터에 흐르는 좋은 기운을 받아가기 위해 매일 같이 많은 사람들이 방문하고 있다. 전통 한옥양식으로 지어진 생가는 뒤편으로 울창한 대숲이 조성되어 더욱 운치 있어 보인다.

안채와 사랑채 대문채, 광으로 구성된 한옥 집 한 켠에는 이 곳의 명소인 바위절벽이 있다. 마치 석탄을 입힌 듯 새까만 색을 띤 바위가 절벽을 이루고 있는데 이 집터에서 가장 많은 기가 모인다는 곳이다. 자세히 보면 '부'를 나타내는 두꺼비 형상을 한 바위가 사랑채를 바라보고 있다. 바위에 손바닥을 대고 문지르면 괜스레 기분에 부의 기운이 느껴지는 듯하다. 풍수지리학설에 따르면 이 집은 곡식을 쌓아놓은 것 같은 노적봉(露積峯) 형상을 한 주변 산의 기운이 산자락을 타고 흘러 들어와 혈이 되어 맺히는 형국이다. 또한 멀리 남강 물이 생가를 돌아보며 천천히 흐르는 역수(逆水)를 이루고 있어 명당 중의 명당으로 꼽힌다고 한다.

✉ 경상남도 의령군 정곡면 중교리 723 ⏳ 10:00~17:00, 매주 월요일 휴관
☎ 055-573-0723

신기한 솥바위와 재벌송 t!p

이병철 회장의 생가에서 멀지 않은 곳에 위치한 정암교 밑에는 다리가 세 개인 솥처럼 생겼다해서 이름 붙여진 솥바위가 있다. 이 바위에는 옛날 한 도인이 "솥바위를 다리 방향으로 반경 20리 안에서 큰 부자 3명이 태어날 것이다"고 예언했다는 전설이 전해내려 온다. 신기하게도 솥바위를 중심으로 이병철 회장과 구인회 회장, 조홍제 회장의 생가가 각각 8km 정도씩 떨어져 있다. 어린 시절 구인회 회장과 이병철 회장이 다녔던 옛 지수초등학교(현 신지수초등학교) 교정에는 이들이 함께 심었던 소나무 두 그루가 여전히 자라고 있는데 일명 재벌송으로 불리는 이 소나무는 긴 세월 뿌리가 합쳐져 마치 한 그루처럼 보인다.

마산 시립문신미술관

문신의 작품과 예술혼이 깃든
마산 시립문신미술관

'나는 노예처럼 작업하고, 서민과 같이 생활하며, 신처럼 창조한다.' 작가 문신의 작업 노트에는 이 같은 글귀가 적혀있다. 마산 시립문신미술관은 작가 문신의 작업정신과 예술혼이 고스란히 남아 있는 곳이다. 활동 초기 사실화 계열의 구상 회화 작업을 주로 했던 문신 작가는 이후 추상 회화 및 조각 작업에 열정을 다했다. 파리에서 활동하던 문신 작가는 1980년 귀국해 고향인 마산에 미술관을 건립하기 위해 힘썼다. 1994년 처음 문을 연 미술관은 문신 작가의 유언에 따라 2003년 마산시에 기증되었다.

미술관에 서면 마산시 전경이 다 내려다보인다. 미술관은 제 1, 2 전시관과 야외조각 전시장을 갖추고 있으며 문신 작가가 남긴 유품들과 자료, 조각, 드로잉, 채화, 유화 등 총 3,800여 점에 달하는 작품과 전시물들을 소장하고 있다. 미술관 관람 후 부근에 있는 마산 시립박물관도 함께 들러보면 좋다.

✉ 경상남도 창원시 마산합포구 추산동 51-1 ⌚09:00~18:00(관람 종료 1시간 전까지 입장 가능), 매주 월요일, 1월1일 설날, 추석 휴관 ⓦ어른 500원, 청소년 및 어린이 200원, 유아(6세 이하) 무료 ☎-225-7181

원조 아구찜의 맛, 마산 아구찜 거리

마산에 간다면 응당 아구찜을 먹어봐야 한다. 마산 앞바다에서 잡아 올린 신선한 아귀로 만든 아구찜은 원조의 맛을 느낄 수 있는 별미 탐험이 된다. 아구찜 요리는 원래 이름이 아귀찜이지만 일반적으로 아구찜으로 불린다. 전국적으로 생 아귀를 이용한 아구찜 요리가 널리 알려져 있지만 마산에서는 오히려 마른 아귀를 이용한 것을 더 원조로 친다. 새빨간 고춧가루 양념에 아귀와 콩나물, 미나리를 듬뿍 넣고 쪄낸 아구찜 한 접시면 한 밥 공기가 뚝딱 해치워진다. 아귀의 담백함과 콩나물의 시원함이 매운 맛과 조화를 이루며 맛깔스런 풍미를 낸다. 마산합포구 오동동을 중심으로 아구찜 거리가 조성되어 있으며 매년 5월9일을 '아구(59)데이'로 지정해 축제도 연다.

1,2 김영삼 대통령 기록전시관

선주의 아들로 태어나 대한민국 대통령이 되기까지
김영삼 前 대통령 생가

정치적 평가가 어찌되었든 한나라의 대통령이 나고 자란 공간은 풍수적으로 많은 사람들의 관심을 받게 마련이다. 대한민국의 최고 통수권자였던 그들도 우리처럼 한때는 소년이었고 학생이었고 피 끓는 젊음이었다. 그들의 평범하면서도 남달랐던 어린 시절을 만나는 것은 자라는 청소년은 물론이고 대한민국의 국민으로서도 의미 있는 발걸음이 될 것이다. 김영삼 대통령 생가는 한국의 제14대 대통령인 그가 태어나고 13살까지 성장한 곳이다. 거제시가 예전의 생가를 해체하고 2001년 새롭게 복원해 관광지로 탈바꿈했다. 소담스러운 돌담이 있는 넓은 마당 안에는 대통령의 흉상이 먼저 관람객을 반기고 팔작 기와의 본채와 사랑채를 들여다보면 초등학교 시절부터 대통령 재직 당시의 모습이 담긴 사진과 김영삼 대통령이 직접 글씨를 쓴 현판이 곳곳에 걸려 있다.

생가 바로 옆에는 세워진 김영삼대통령 기록전시관이 위치한다. 총 2층으로 된 전시관에는 김대통령의 학창시절과 중학교 자취방 등 거제 지역에서 생활하던 어린 시절, 최연소 국회의원 시절, 군사독재에 저항하며 민주화 운동을 펼치던 모습들이 담긴 사진과 영상 자료 등이 전시돼 있다. 3김 시대를 함께했던 정치적 동지이자 경쟁자였던 후보의 사진이 모두 담긴 대통령 선거 포스터를 비롯해 여행 중 작성한 일기도 김영삼 대통령의 여러 면면을 볼 수 있게 해준다.

✉ 경남 거제시 장목면 외포리 1372-1 ☎ 055-634-0303

거제를 비롯해 남해안 일대에서는 일명 뽈락이라고 불리는 볼락을 반드시 맛봐야한다. 볼락은 우럭이나 광어처럼 옆으로 납작한 물고기로 크기가 작은 편이다. 눈이 매우 크고 눈 앞쪽 아래에 가시가 두개 있다. 남해안 일대에서는 연중 내내 잡히며, 4~5월에 특히 맛이 좋다. 가시 째로 회로 먹거나 소금구이로 담백하게 구워낸 볼락구이 정식으로도 즐긴다. 크기가 큰 볼락으로 칼칼하게 끓여낸 매운탕도 남해안의 별미로 꼽힌다.

박월향님 매운탕(신성관)
✉ 경남 거제시 장승포동 499-26
☎ 055-681-7224

1 부엉이 바위 2 추모의 집

좋은 바람이 불면 당신일줄 알겠습니다
故 노무현 대통령 생가

진영읍내에서 동쪽으로 4.5km 떨어진 봉하마을의 노무현 대통령 생가는 지극히 평범하고 꿈 많던 소년 노무현부터, 퇴임후 그의 고뇌와 생의 마지막 여정까지도 만나게 되는 공간이다. 다른 대통령의 생가나 기업가의 생가와는 사뭇 달리 이곳은 으리으리한 기와집이 아닌 소박하고 평범한 초가집이다. 지지자나 정부기관이 직접 돈을 들여 조성한 것이 아닌 그를 사랑한다고 표현하는 사람들이 만든 기념관과 추모관인 것도 인상적이다. 노대통령은 생가터에서 태어나 마을 이집 저집으로 이사를 다니면서 유년시절과 초, 중학교를 다녔다. 고등학교 시절과 군복무기간을 빼고 신혼생활과 제대 후 고시공부도 마을에서 했다. 2008년 2월 24일 대통령직에서 퇴임한 이후 귀향해 이곳에 사저를 짓고 사는 동안 많은 사람들이 찾아오면서 조용하던 마을이 떠들썩한 관광지가 됐다. 그리고 2009년 5월 23일 서거하는 날까지 노대통령은 마을과 함께였다. 그런 까닭에 작은 마을 곳곳은 노대통령의 숨결이 오롯하게 배어나는 것만 같다.

예로부터 명산으로 꼽혀온 봉화산(烽火山) 봉수대 아래 있는 마을이라 하여 봉하 마을이라는 이름이 붙었다. 부엉이가 많은 부엉이 바위, 봉화산의 정상인 사자 모양의 사자 바위 등 노대통령이 거닐던 산길은 '대통령의 길'이라는 이름으로 등산로로 다시 태어났다. 봉화산 숲길은 대통령의 묘역에서 출발해 노무현 대통령 추모의 집에 도착하는 코스로 총길이는 5.3km고 2시간 30분 정도가 소요된다. 마을에는 노무현 전 대통령이 퇴임 후 거주하던 사저와 생가, 주차시설, 관광안내센터, 영상과 대통령의 역사를 기록해 놓은 추모의 집, 수많은 국민들의 추도 메시지가 적힌 박석길, 고인돌 형태의 묘지 등으로 구성돼 있다. 대통령의 길 그리고 마을 곳곳을 산책하며 소년, 혹은 청년 노무현의 꿈과 만나게 될 지도 모른다.

✉ 경남 김해시 진영읍 본산리 93 ☎ 055-346-0660 🏠 bongha.knowhow.or.kr

06 진시황의 불로초

'남해안 여행'에 왜 느닷없이 진시황 이야기가 튀어나올까? 오래전 역사를 들여다보면 그 답이 나온다. 진시황의 명을 받아 남해안 일대까지 불로초를 구하러 왔던 서복(徐福). 그는 제주도를 비롯해 거제도의 해금강, 노자산을 거쳐 남해 금산을 돌며 불로장생의 명약을 찾아 헤맸다. 서복의 이야기는 우리나라는 물론이고 중국과 일본이 공유한 역사이기도 한 까닭에 현재 3국은 공동으로 진시황의 불로초와 서복 스토리를 드라마로도 제작하고 있다.

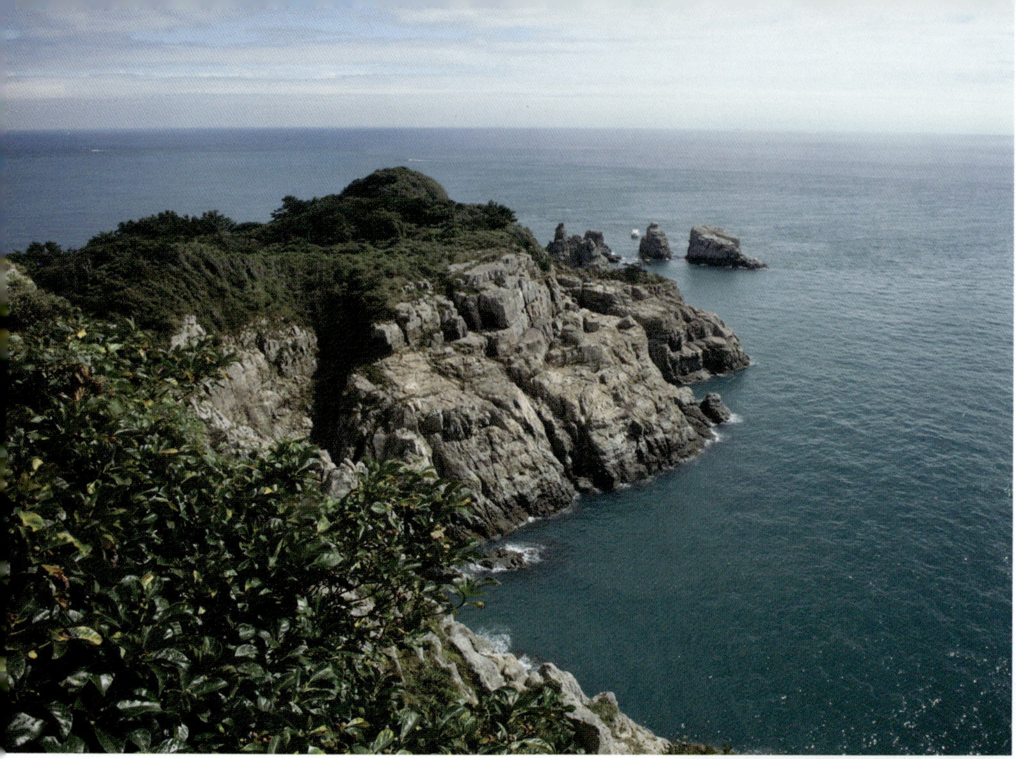

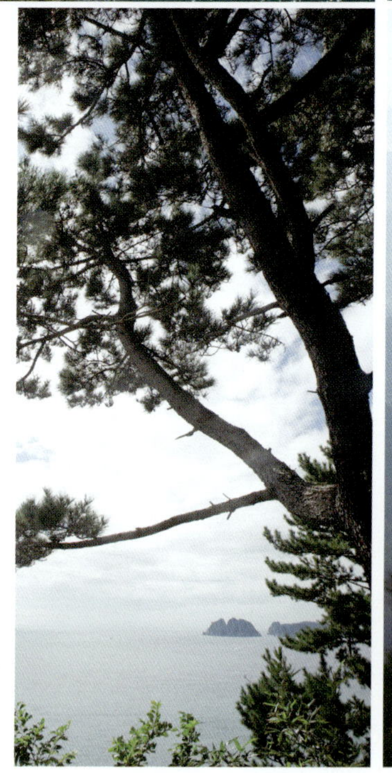

진시황의 이루지 못한 꿈
불로초 이야기

중국 진나라의 시황제(BC 259~BC 210)는 불로장생을 간절히 빌었다. 드넓은 중국 전역에 방사를 보내 불로초를 구하게 하였으나 늘 허사가 됐다. 그의 방사 중 한사람이었던 서복은 왜국(현재의 일본)에 불로초가 있다고 얼버무렸고 시황제는 서복(서불)에게 불로초를 가져오라고 독촉했다. 허베이 성 친황다오 시에 있는 산해관에서 서복은 소년소녀 3,000명을 데리고 왜국으로 불로초를 구하러 가는 의식을 성대하게 치르고 긴 여행을 시작했다. 서복은 불로초가 있다는 삼신산을 찾아 떠났는데 훗날 그곳은 일본이 아닌 우리나라 산의 다른 이름이라는 설이 있다. 진나라 사람들이 말하는 삼신산은 오늘의 금강산과 지리산, 한라산을 가리키기 때문이다. 실제로 남해안을 비롯해 제주도 곳곳에는 서복이 불로초를 찾아 헤맨 흔적과 이야기가 남아 있다.

남해군의 금산에는 서시기 예일출(徐市起 禮日出), 즉 서시가 일어나 일출에 예를 올렸다는 글씨가 새겨진 마애석각이 발견됐고,

제주도 정방폭포 암벽에도 서불과지(徐市過之), 서복이 이곳을 지나가다는 문구가 새겨져 있다. 그런데 선약을 구할 수 없게 된 서복 일행은 죽음이 두려워서 감히 돌아오지 못하고 동쪽 바다를 향해 갔다는 이야기가 여러 사료에 남으며 기원전 3세기 경 중국, 한국, 일본 세 나라에 얽힌 역사로서 큰 의미를 갖는다. 게다가 일본 사람들은 서복을 고대 일본문명을 일으킨 문명의 개조(開祖)로 보기도 한다.

1 거제 해금강 **2** 노자산 **3** 남해 금산

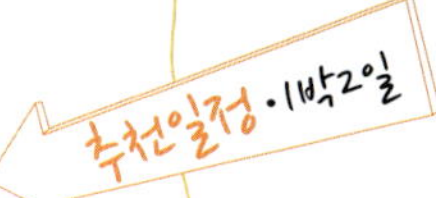

과욕이 부른 비극 진시황 최후의 이야기

t!p

시황제는 자신의 권력을 뽐내기 위해 아방궁을 만들고 만리장성을 쌓는 등 갖은 노력을 했지만 언제나 적의 암살 위협 속에서 긴장감을 늦추지 못하고 전전긍긍하며 살았다. 결국 그는 정복지 순행 길에 올랐다가 돌연 사망했다. 그의 나이 불과 50세밖에 되지 않던 때였다.

아이러니하게 그의 죽음은 불로장생에 대한 갈망 때문이었다. 진시황제가 살던 당시에는 수은이 매우 귀했다. 소량을 먹으면 혈색이 좋아지고 피부가 팽팽해지기 때문에 그는 이것을 자주 복용했고 독성을 가진 수은은 그의 몸에 치명적인 독이 됐다. 사마천의 〈사기〉에는 자신의 황릉에 수은이 흐르는 강을 만들라고 명했던 진시황이 묘사될 정도로 그는 수은을 신봉했다. 그는 결국 과한 욕심이 가져오는 불행에 대해 경계심을 갖게 하는 역사 속의 교훈이 되었다.

1 십자동굴 **2** 별별 모양을 한 기암괴석을 관람하는 유람선 관광 **3** 유람선의 선장 **4** 바람의 언덕

바다가 뽐내는 조각 솜씨

해금강

진나라 이전 시대에도 고조선과의 인적, 물적 교류가 있었지만 서복 일행처럼 수천 명이 대선단을 만들어 곡식과 무기를 싣고 오간 것은 사상 초유의 일이었다. 중국 해양사에서도 서복의 출해동도는 원양 항해의 효시라고 평가하고, 고대 한중일 교류의 여명기에 서막을 연 삼국 간의 중요한 역사로 기록된다. 서복 이야기의 중심이 되는 곳 중 하나는 거제 남쪽 해금강 마을에서 해상에 위치하는 해금강. 해발 116m의 해금강은 남역의 삼신산이라 하여 귀한 약초가 많이 난다고 알려져 약초 섬이라고도 불렸다. 그런 이유로 진시황의 불로초를 구하는 서복이 동남동녀 3,000여명과 함께 이곳을 찾았고 '서불과차(徐市過此)' 라는 글씨를 절벽에 새겼다는 설화가 전해진다.

이런 이야기를 차치하고라도 해금강은 파랑과 연안류의 작용으로 매우 흥미로운 모습을 하고 있어 관광 자체로서의 가치도 높다. 섬의 남동부는 깎아지르는 높은 해안단애로 이뤄졌으며 그 자체가 신비로운 십자동굴을 비롯해 일월봉, 미륵불, 촛대바위, 선녀바위, 사자바위 등이 합세하며 숨막히도록 아름다운 풍경을 이룬다. 기암괴석 틈을 뚫고 자라난 천년송, 견우직녀송 등의 희귀목과 동백림의 강인한 생명력도 해금강이 주는 감동에 한 몫을 더한다.

**촬영 명소
바람의 언덕**

학동에서 남쪽으로 차를 타고 해금강 마을을 향하면 도장포마을이 있다. 이곳에 내려 도장포 유람선 선착장에서 배를 타고 외도와 해금강을 관광하는 코스도 인기가 많다. 이 근처에는 그 이름마저도 낭만적인 바람의 언덕이 있다. 원래는 이름조차 없던 민둥산이었지만 영화와 드라마에 자주 나오다보니 사람들의 방문이 이어졌다. 바닷바람이 거세게 부는 까닭에 이곳을 들른 사람들이 '바람의 언덕' 이라고 불렀고 지금은 풍차까지 세워지며 우아한 자태까지 뽐내게 됐다. 바람의 언덕에 오르면 바다 전망이 기가 막히다. 하지만 해안 도로를 타고 달리는 드라이브 길을 즐기는 것만으로도 만족도가 높은 곳이다.

여기 산토리니 아니에요?
외도 보타니아

외도는 천연 동백 숲과 아열대 식물 3천여 종의 수목과 지중해를 떠올리게 만드는 하얀 건물이 조화를 이루어 이국적이고도 환상적인 풍경이 인상적인 섬이다. 1969년 이창호·최호숙 부부가 외딴 섬이었던 이곳에 낚시를 하러 왔다가 태풍을 만나 하룻밤 민박을 한 뒤 약 3년에 걸쳐 섬 전체를 해상 농원으로 가꾸기 시작했다. 처음에는 밀감나무 3,000그루와 편백 방풍림 8,000그루를 심어 농장을 조성했지만 어느 해 겨울 한파로 농장이 한순간에 망가져버리는 등 여러 차례의 실패 후에 외도는 농장 대신 식물원으로 다시 태어나게 됐다. 그리스의 산토리니 같은 외도의 풍경을 담은 이온 음료 CF와 드라마 〈겨울연가〉의 촬영지로 국내외에서 유명세를 타며 큰 인기를 얻고 있다. 배에서 내려 선착장을 지나 들어가는 입구에서부터 새파란 바다와 하늘과 대비되는 하얀 건물, 우리나라에서는 보기 어려운 아열대 식물과 야자나무가 옹기종기 모여앉아 이국적인 분위기를 한껏 뽐낸다. 지중해의 한 섬이라고 해도 믿을 정도로 지중해 풍으로 꾸며놓은 비너스 가든. 하얀 석상과 건물, 빨간 장미, 파랑 하늘과 바다의 색감에 눈이 부시다.

외도가 진정 아름다운 까닭은 형형색색 신기한 꽃과 열대식물이 어우러진 예술작품 때문이기도 하다. 한국전통놀이를 조각해 놓은 놀이조각공원, 국내 유명 조각가의 작품이 정원과 앙상블을 이뤄내는 공간 등…. 꽃 한송이, 풀 한포기, 나무 한그루 한그루마다 철저하게 사람 손이 닿아 더욱 예뻐지고 의미를 갖게 되는 '정원의 미'를 섬 전체에서 느낄 수 있다.

✉ 경상남도 거제시 일운면 와현리 산 109 ₩ 어른 8,000원, 청소년 6,000원, 어린이 4,000원 ⌚ 하절기 07:30~19:00, 동절기 08:00~17:00(일출 시간부터 일몰 시간 기준, 음력설 전날과 당일만 휴무, 해상날씨로 유람선 운행이 어려울 때는 개장이 불가) ☎ 070-7715-3330 🖰 www.oedobotania.com ● 섬 관광 시간은 약 1시간 30분. 타고 들어왔던 유람선을 다시 타고 나와야 한다. 섬 안에서 음주나 흡연은 불가능하다.

1,2 마치 지중해처럼 꾸며놓은 외도 보타니아

외도의 가장 멋진 전망은 여기에! t!p

외도 안에는 먹을거리가 그다지 풍부하지 않다. 간단한 스낵과 아이스크림 등을 판매하는 매점이 몇 군데 있지만 진정한 외도의 매력을 느끼려면 전망대 근처에 위치한 파노라마 커피숍을 찾자. 한려수도의 수려한 멋과 쪽빛 바다, 파란 하늘이 만들어내는 시원한 경치 속에 드는 커피 한잔은 오래도록 잊지 못할 감동으로 남는다.

노자산

해금강과 외도 유람선을 이용하세요!

해금강과 외도를 여행할 때에는 거제도에서 유람선을 타야 한다. 보통 해금강을 한 바퀴 돌고 외도로 들어가는데 파도가 낮고 날이 좋을 때는 십자동굴 안까지 배가 들어가기도 한다. 가이드는 유람선의 선장. 맛깔 나는 설명으로 해금강 주변의 여러 기암괴석, 거제 주변 섬들의 이야기를 풀어낸다.

유람선이 출발하는 선착장은 장승포, 학동, 와현, 도장포, 해금강, 구조라 선착장 등 총 6군데. 유람선 요금은 선착장마다 다르다. 보통 어른은 1만5,000~1만7,000원 정도다. 해금강과 외도를 둘러보는데 총 2시간30분 정도 소요된다.

☎ 장승포 유람선사 055-681-6565, 와현 유람선사 055-681-2211, 구조라 유람선사 055-681-1188, 학동 유람선사 055-636-7755, 해금강 해양공원 055-632-8787, 해금강 유람선사 055-633-1352

불로초와 신선이 있는 산
노자산

노자산에는 불로초가 있다는 서복의 믿음과 거기에 더해 이 산 특유의 절경이 어우러져 '늙지 않고 오래 사는 신선이 된 산'이라는 이름이 붙여졌다. 해발 585m로 비교적 낮은 산이지만 한려해상국립공원을 바라보며 등반할 수 있어 산 애호가들에게 사랑받는다. 이곳은 여러 종류의 희귀 동식물이 서식하는 까닭에 신비의 산으로도 불리는데 운이 좋으면 희귀 새인 팔색조도 만날 수 있다. 서복과 관련한 역사는 갖고 있지만 서복의 발자취를 찾기는 어렵다. 다만 신비한 산 곳곳을 만끽할 수 있는 등산이 제격이다. 자연휴양림에서부터 개설된 등산로를 따라 산행하는 것이 가장 좋다. 산을 오르는 방법은 여러 가지가 있지만 어떤 코스로 오르던 2시간 안에 산행을 마칠 수 있다. 산 주변에 해금강과 외도를 비롯해 학동해수욕장, 명사해수욕장, 거제자연예술랜드 등이 있어 여행의 즐거움을 더한다.

✉ 경상남도 거제시 동부면 ☎ 055-639-3546

영험한 금산에 불로초가 있었을까
상주리 석각

영험하기로 유명한 남해 금산에도 서복의 흔적이 남아 있다. 남해 상주리에 있는 석각은 평평한 자연암인데 여기에는 일명 서불과차(徐市過此)라고 불리는 그림문자가 새겨져있다. 금산에서 수렵 생활을 하다가 이곳을 떠나면서 자기들의 발자취를 남긴 것이라고 전해진다. 하지만 글자의 내용은 아직도 수수께끼. 금석문 학자 오경석이 이 글자를 탁본해서 중국에 가져가 상형문 학자인에게 '서복이 일어나서 솟아오르는 해를 향해 예를 올렸다' 라는 해석을 받았다고 한다. 하지만 진시황 때 이미 한문이 사용되었기에 이 문자는 여전히 많은 논란에 휩싸여있다.

또 서복은 남해를 떠날 때 미조면 설리 해변 암석에도 떠난다는 내용의 표지를 남겼다는 설도 있다. 뿐만 아니라 남해에는 양아리을 비롯한 두모리 등 기착지 여러 곳에 유사한 문자, 혹은 문양을 새긴 화상문자 바위가 발견되어 학자들의 연구가 진행되고 있기도 하다.

✉ 경상남도 남해군 상주면 양하리 산 4-3

불로초가 부럽지 않은 남해안의 맛

불로초를 찾아 나서는 여행에서 아쉬운 점은, 불로초를 대체할 음식을 맛볼 수 없다는 것이 아닐까. 하지만 걱정 마시라. 풍부한 영양을 담뿍 담은 바다의 산삼인 전복을 이용한 물회, 최근 웰빙 요리로 각광받는 남해의 해초비빔밥, 쫀득하게 씹히는 맛이 일품인 볼락 매운탕, 바다 향을 그대로 느끼게 해주는 성게 비빔밥 등 건강에도 좋고 맛도 좋은 요리가 다채롭다.

07 이순신 밥상 체험

이순신 장군은 어떤 음식을 먹었을까? 비록 전쟁 중이었지만 다양한 해산물과 풍성한 농작물이 자라는 남해안 일대를 따라 고군분투했던 장군의 발자취를 독특한 방식으로 되짚어보는 여행 또한 색다른 의미를 준다. 지극히 소박하고 평범했던 향토음식을 역사와 이순신 장군으로부터 다시 보게 되는 계기가 될 것이다.

이순신 장군의 밥상은 어땠을까?

장군의 높은 기개와 절제하는 삶의 태도는 비단 전쟁 중에만 표출되는 것이 아니었다. 충무공을 배우고 그의 자취를 찾을 때는 〈난중일기〉 속의 문헌, 그의 숨결이 남아있는 유적지도 좋지만 이순신 장군의 밥상도 좋은 배움터가 된다. 경남도는 경남을 대표하는 향토역사음식을 선보이고 이순신 장군의 정신을 음식으로 재현하겠다는 목표로 한국관광콘텐츠개발원과 함께 철저한 고증 아래 메뉴를 개발했다. 따라서 이순신 밥상에는 임진왜란 이후 조선에 유입된 고추, 호박, 고구마 등의 외래 작물은 배제되고, 대부분의 요리는 신선한 제철 수산물을 기본으로 한다. 〈난중일기〉를 보면 당시 장병들이 미역과 전복을 따고 대구, 청어, 숭어 등 해산물을 잡아 임금께 진상하거나 쇠고기, 노루, 꿩고기도 먹었던 것을 알 수 있다. 틈틈이 직접 밭을 갈고 논농사를 하면서 전투를 치렀다는 기록도 있다. 전투 중에는 조리가 간편하고 배식하기 쉬운 주먹밥과 콩가루 주먹밥, 굴밥, 미역밥과 함께 밥에 각종 나물을 올려 비빔밥 형태로 먹었을 거라 추측한다. 훈련 때 먹었던 모시조개탕인 와각탕, 청어구이, 오이를 소금에 발효시킨 뒤 삶아 식힌 것으로 끓인 과동과, 게살로 만든 해탕, 다진 참새고기 양념볶음구이인 전작 등도 재현된다. 승전 후에는 장병들의 노고를 치하하면서 쇠고기 꼬치인 설하멱, 다진 꿩고기 육포인 생치편포, 닭찜 요리인 칠향계 등을 제공한 것으로 추측한다. 이순신 장군이 평소 즐겨 먹던 음식으로는 장국과 쇠고기내장과 생선 모둠전인 어육각색간랍, 장김치, 멸치젓 등이 있다. 한편 백의종군 때는 연포탕, 재첩국, 고사리나물, 취나물, 과동침채(동치미) 등을 먹었던 것으로 고증결과 밝혀졌다.

우리나라 最古의 차밭
쌍계사 차시배지

우리는 흔히 차밭을 얘기할 때 보성을 가장 먼저 떠올린다. 하지만 역사적으로는 하동의 차밭이 더욱 오래 됐다. 대규모로 정갈하고 예쁘게 조성된 보성차밭에 비하면 산비탈에서 아무렇게나 자라난 야생녹차지로 이뤄진 하동의 다원은 그 느낌도 사뭇 다르다. 특히 화개 지역은 우리나라에서 가장 오래된 차 시배지(始培地)다. 하동읍 북쪽의 석문마을과 신촌마을이 시배지에 해당된다. 화개면에 세워져 있는 대렴공추원비에는 〈삼국사기〉의 한 구절을 소개한다. 비석에는 '신라 흥덕왕 3년(828년) 당나라에서 돌아온 사신 대렴공이 차 종자를 가져오자 왕이 지리산에 심기를 명했다. 차는 선덕여왕 때부터 있었지만 이때에 이르러 성했다' 고 나와 있다. 백의종군로에 포함된 하동 지역에서 고된 산길을 걷고 또 걷는 과정 중 장군과 병사들의 목을 축이고 기를 보해줬던 것은 다름아닌 하동의 질 좋은 '차' 였으리라. 하동 쌍계사의 차 시배지는 우리나라의 차 시배지, 백의종군로의 중심, 척박한 밭을 무성하게 채운 차밭의 야생미까지 두루 보고 즐길 수 있는 코스다. 특히나 5~6월 하동의 차밭은 더욱 분주하다. 산기슭마다 찻잎을 따는 싱그러운 풍경과 함께 건강한 차 한 잔을 마시며 도시에서 묵은 때를 벗어보자.

⊠ 하동군 화개면 운수리 산 127-4번지 ⓦ 쌍계사 어른 2,500원, 청소년 1,000원, 어린이 500원

우리의 생활과 뗄 수 없는 茶
매암 차 문화 박물관

2만3,000㎡의 차밭이 있는 매암차문화박물관에는 차 문화를 엿볼 수 있는 박물관과 차 맛을 음미할 수 있는 공간이 마련돼 있다. 이곳의 박물관 건물은 원래 1926년 일본 규슈대학에서 연구 목적으로 조성한 수목원의 관사였다. 1963년 다원이 조성됐고 2000년 차문화박물관이 개관했다. 건물 내부에는 차와 관련된 유물뿐 아니라 차의 역사와 문화에 한발 가까이 다가 갈 수 있는 사료가 풍부하다. 소박한 우리 차밭 특유의 아름다움을 느낄 수 있어 좋다. 무엇보다 이곳에는 다양한 차문화 체험 프로그램이 있어 가족여행자에게도 큰 인기를 끈다. 연중 차문화사의 강좌로 한국 고유의 다도법과 친해질 수 있는 계기도 마련할 수 있다. 매년 5월1일~6월 25일에는 차와 함께 하는 자연학습 프로그램으로 차울력으로 표현되는 제다를 체험해보며 노동의 의미와 자연 친화적인 슬로우라이프를 체험할 수 있는 제다 체험 프로그램도 운영된다.

⊠ 경남 하동군 악양면 정서리 293 ⓦ 무료 ⌚ 화요일~일요일 10:00~18:00(동절기), 10:00~19:00 (하절기), 매주 월요일 휴관 ☎ 055-883-3500 ⌂ www.tea-maeam.com

남해 마늘 전시관, 보물섬 마늘나라

한국인의 힘은 마늘에서 나온다
보물섬 마늘나라

커다란 마늘 모형과 마늘을 애지중지 가슴에 꼭 안고 있는 곰이 입구를 지키고 있는 보물섬 마늘나라는 국내 최초의 마늘전시관이다. 남해의 햇살과 바닷바람이 키워낸 남해 마늘은 오래전부터 그 품질을 인정받으며 남해의 명품으로 그 명성이 높다. 김치나 탕류를 비롯해 평상시 쉽게 맛보는 음식은 물론이고 전쟁 후 내려진 특식에서도 장군의 밥상에 스테미너 작물이자 면역력을 키워주는 마늘이 빠지지 않고 등장했으리라. 보물섬 마늘나라는 노량해전을 승리로 이끌며 관음포의 별로 생을 마감할 때까지, 장군의 굳은 의지와 기개가 꺾이지 않도록 건강한 '연료' 가 되어주었을 남해의 마늘을 비롯해 세계의 마늘 역사와 문화를 한눈에 보여준다. 세계의 마늘과 마늘농사에 사용된 농기구, 관련서적을 비롯하여 마늘의 역사와 기원에 대한 정보는 물론 마늘로 만든 다양한 음식과 기능성 식품, 남해 특산품도 만나볼 수 있다. 이와 함께 보물섬 식물원에는 국내외 205종의 희귀식물 정원도 잘 가꿔져 있어 보물섬 마늘나라와 함께 관람하기 좋다.

✉ 경남 남해군 이동면 다정리 971 ⓦ 무료 ⏱ 09:00~18:00(월요일 휴관) ☎ 055-864-6106 🖱 www.garlicland.net

지금까지 이어져오는 선조의 지혜
죽방렴

남해 죽방멸치

죽방렴은 남해에만 총 23곳이 남아있는 원시적인 고기잡이 방식으로 대나무를 발처럼 엮어 고기를 잡는다는 의미로 대나무 살(어사리)이라고도 부른다. 약 10m 길이의 대나무를 갯벌에 촘촘히 박아 그물처럼 만들어 조류가 흘러드는 방향으로 V자형을 이뤄 일단 들어온 물고기는 밖으로 나갈 수 없게 만들었다. 죽방렴에서 잡은 물고기는 힘도 좋고 탄성도 높아 전국 최고의 횟감으로 대접을 받는다. 옛날에는 하동과 거제 지역에도 죽방렴 방식의 어업을 했다고 하니 이순신 장군도 죽방렴으로 잡은 생선을 즐겨 먹었으리라 추측할 수 있다. 대부분이 멸치를 메인으로 개불과 잡어가 3월에서 10월에 활발하게 잡힌다. 특히 남해 죽방멸치는 명품 먹을거리로 꼽히는데 좋은 것은 1kg에 20만원을 호가한다. 최근에는 창선면 일대의 죽방렴이 국가지정 문화재의 하나인 명승 71호로 지정되기도 했다. ✉ 경남 남해군 삼동면 지족해안과 창선면 일대

죽방렴

1 어린이들에게 인기만점인 수산과학관
2 통구밍이
3 멍게 유곽 비빔밥
4 멍게유곽비빔밥으로 유명한 통영맛집

수산과학관

이순신 장군의 화려한 승전의 연속이었던 통영은 이순신 밥상의 복원 작업이 가장 활발하고 가시적인 지역 중 하나다. 특히 바다를 끼고 여러 차례의 해전을 치른 이순신의 수군은 매일 같이 신선한 해산물, 젓갈을 기본으로 식사를 했다. 따라서 남해안 일대의 수산물, 어업 역사까지 상세하게 소개하는 수산과학관에서는 충무공의 밥상 뿐 아니라 수산업의 중요성과 미래의 해양과학까지도 접하는 계기가 된다.

수산과학관은 총 5개의 전시실과 기획 전시실로 이뤄졌다. '바다에의 초대' 라는 주제를 가진 기획전시실은 통영 수산과학관에서만 볼 수 있는 특별한 곳으로 문헌 그대로 복원한 통영 전통 어선인 '통구밍이' 를 비롯해 고대부터 어로생활에 사용해왔던 선박의 모형 및 다양한 어구를 수집 전시한다. 그 외에도 바다의 탄생이라는 주제의 제 1전시실, 발견의 장으로서의 제 2 전시실, 인류와 수산업, 수산업 변천사, 수산자원의 이용 등을 전시하는 제 3전시실과 체험실이 있는 제 4전시실이 마련돼 있다. 특히 5전시관에서는 돔의 천장에서 광섬유 시스템으로 구성된 하늘과 바다가 환상적으로 만나는 우주세계를 관람할 수 있다.

경남 통영시 산양읍 척포길 628-111 어른 1,500원, 청소년 1,000원, 만 6세 이하 어린이 무료 09:00~18:00 055-646-5704

멍게비빔밥 & 성게 비빔밥

거제도와 통영의 명물 향토 요리는 바다 향을 가득 담고 있는 멍게 비빔밥과 성게 비빔밥이다. 싱싱한 멍게와 성게를 고유의 향을 그대로 살려내 짜지 않은 젓갈 형태로 만들어 김가루를 비롯해 각종 채소와 잘 섞어 먹는 남해안 특유의 비빔밥이다. 멍게와 성게가 상하지 않도록 젓가락으로 살살 비벼서 맛보는 게 포인트. 향긋한 고유의 향을 담뿍 품고 있는 비빔밥 한 숟가락에 절로 눈을 감고 음미하게 되는 묘한 마력이 있다. 거제와 통영 곳곳에서는 멍게 비빔밥을 비롯해 성게 비빔밥을 쉽게 맛볼 수 있다. 가게마다 독특한 방식으로 비빔밥을 내는데 항남동의 통영 맛집은 독특하게 멍게 유곽 비빔밥으로 사랑받는 곳. 멍게젓과 조개의 일종인 유곽을 각종 채소와 해초, 새싹 등을 곁들여 별미 중에 별미를 제공한다.

통영맛집 경남 통영시 항남동 139-17 멍게유곽비빔밥 1만원 055-641-0109

1 통선제의 통제사 밥상 **2** 통선제 **3** 통선제의 단품 메뉴

그대로 재현해낸 이순신 밥상
통선제

이순신 밥상이란 경남도가 임진왜란 당시 이순신 장군을 비롯해 조선 수군들이 먹었던 음식을 〈난중일기〉 등의 문헌을 바탕으로 숙명여대 한국음식연구원의 고증을 거쳐 복원한 77종의 요리를 통칭한다. 통영시 통영법원 앞에 위치한 이순신 밥상 통선제는 통영의 새로운 명물로 급부상 중이다. 한산대첩이 벌어졌던 견내량 바다를 내려다볼 수 있는 위치에 있어 그 상징성도 한층 높였다. 이순신 밥상에는 당시 조선에 없었던 고추와 호박, 양파 등이 들어가지 않는 것이 특징이다. 그대신 통영에서 구한 재료를 주로 이용하고 인공조미료 대신 백여 가지 약초를 숙성시켜 만든 일명 '장군액'으로 맛을 냈다. 장국밥과 콩가루 주먹밥, 해초 무침, 해초전, 방풍 탕평채, 숭어찜 등이 대표적으로 구성된 요리다. 일품요리도 좋지만 여유가 된다면 코스요리로 맛보는 것도 좋은 방법이다. 통제사 밥상, 이순신 밥상 등의 세트 메뉴가 있다.

통제사 밥상 3만5,000원, 이순신 밥상 1만5,000원 ☎ 055-645-6336

통영 명물요리 완전 정복

남해안 여행지 곳곳은 그야말로 맛있는 음식의 천국이다. 많은 지역 중 '미식여행지'로 가장 좋은 곳을 꼽자면 통영이 떠오른다. 바다에서 나는 싱싱한 해산물을 메인으로 통영만의 지역 색이 더해진 '퓨전 요리'가 두루 발전했다. 봄 도다리쑥국, 여름 장어, 가을 전어, 겨울에는 굴과 물메기탕 등 철마다 차례대로 등장하는 별미까지 더해져 이곳은 전국의 미식가들이 호시탐탐 여행을 계획하는 명실상부한 맛의 도시다. 사시사철 맛볼 수 있는 통영의 명물 먹을거리를 체크해보자.

01 통영꿀빵

통영에는 시장이며 여러 관광지에서도 흔히 볼 수 있는 것이 '통영 꿀빵'이다. 팥을 가득 채워 넣은 동그란 빵을 달콤한 물엿으로 코팅해 통깨를 뿌려 어른이고 아이고 할 것 없이 좋아하는 인기간식이다. 오미사 꿀빵이 전통의 강자라면 꿀단지는 떠오르는 꿀빵의 뉴스타다. 오미사 꿀빵이 달지 않고 팥이 가득 들어 있어 어른들도 좋아한다. 꿀단지는 팥이 든 것은 물론이고 고구마가 든 꿀빵까지 추가해 다양한 맛을 즐기는 어린이와 젊은 층의 지지를 받고 있다.

꿀단지 주소 경남 통영시 항남동 79-42 문의 055-649-0032
오미사 꿀빵 주소 경남 통영시 항남동 270-21 문의 055-645-3230

02 시락국

시락국은 시래기국의 경상도 사투리다. 많고 많은 시락국 가게 중 잘 말려낸 시래기와 장어를 푹 고아 깊은 맛을 낸 서호시장의 원조시락국 집이 가장 유명하다. 추운 겨울날 뜨끈한 시락국에 김과 부추를 넣고 밥을 말아 한그릇 뚝딱 해치우면 속이 다 편안해지는 기분이 든다.

원조시락국 주소 경남 통영시 서호동 177-408 문의 055-646-5973

03 막썰어회

바다를 접하고 있어 매시간 단위로 싱싱한 해산물이 유입되는 통영에서 가장 쉽게 접할 수 있는 음식은 바다요리다. 무엇보다 이곳을 대표하는 음식은 이름부터 '막 지은' 느낌이 드는 '막썰어회'. 하지만 횟감의 종류와 신선도, 맛에 있어서는 막 보면 큰 코 다칠 정도로 훌륭하다. 중앙시장이나 서호시장 같은 수산물 시장에서 도미, 각종 돔, 볼락 같은 갖가지 생선을 고르면 생선을 파는 주인장이 즉석에서 '막 썰어' 준다. 회는 바다를 바라보며 원하는 장소에서 먹거나 시장 안 초장 집에서 초장을 포함한 자리 값(보통 1인당 3,000원)만 내고 즐기면 된다.

04 빼떼기죽

떼기처럼 빚어 말린 생고구마와 함께 팥, 좁쌀, 강낭콩 등을 넣고 끓인 죽을 통영에서는 빼떼기죽이라고 부른다. 이 죽은 통영 미륵도 일대에서 겨울철 점심식사로 즐기던 음식으로 간편하게 즐길 수 있지만 만드는 과정은 꽤나 시간과 정성이 들어가는 영양식이다. 통영의 빼떼기죽은 욕지도에서 수확한 질좋은 고구마를 사용해 고소하고 담백한 맛이 그만이다.

통영우짜 주소 경남 통영시 항남동 79-24 문의 055-645-7909

05 우짜

얼핏 들으면 외국어 같기도 한 우짜는 우동과 자장의 합성어다. 약 1960년대에 생긴 음식으로 장이 서는 날에 별미로 즐기던 우동 위에 자장 소스를 섞어 먹는 독특한 요리를 일컫는다. 그 옛날부터 자장면을 시키면 우동이 먹고 싶고, 또 우동을 시키면 자장면이 먹고 싶은 선택의 갈림길에서 그 욕망을 한꺼번에 해소할 수 있는 통영의 명물 음식이다. 생김새에 비해 오묘한 맛이 중독성이 있으며 통영 사람들은 우짜를 해장용으로도 즐긴다.

항남우짜 주소 경남 통영시 항남동 239-20 문의 055-646-6547

06 다찌집

안주를 막 퍼주는 마산 통술집, 전주 막걸리집처럼 통영에도 독특한 선술집 문화인 '다찌집' 이 있다. 원래 일본의 다찌바(立場·서서 먹는 곳)에서 이름이 연유했지만 통영의 다찌집은 친구를 뜻하는 '도모다찌' 에서 이름이 왔다고 주장해도 될 만큼 정겹고 후한 인심을 마음껏 느껴볼 수 있다. 다찌집에서는 인원에 맞게 술만 시키는 게 기본이다. 가게마다 다르지만 보통 1인에 2만5,000원에

원하는 술을 고르면 얼음을 가득 담은 통에 술이 먼저 나온다. 다찌집의 묘미는 다채로운 안주. 해양 도시답게 대부분의 안주는 싱싱한 해산물이 대부분이다. 다만 다찌집을 들르기 전에 명심해야 할 것은 이곳이 어부들의 뒤풀이 장소였던 만큼 분위기가 다소 시끄럽고 때로는 무뚝뚝한 경상도 주인장이 불친절하게 느껴질 수도 있으니 열린 마음으로 즐겨볼 것.

부산 남포동에서 거리음식 즐기기

떡 벌어지는 남도 한정식과 비교하면 언제나 부산은 미식 도시에서 열외였다. 하지만 부산 곳곳에는 이도시를 대표하는 다채로운 먹을거리를 만나게된다. 부산에 머무를 시간이 턱없이 적다고? 그렇다면 부산의 서민음식, 젊음의 음식이 모두 모여 있는 남포동에는 꼭 들러보자. 이곳의 거리음식만 완전 정복해도 당신의 생각은 달라질 것이다. '부산은 맛나는 것들로 가득한 도시' 라고.

Receipt
떡볶이 2,000원
오징어 초무침 2,000원
찌짐 2000원 김밥 1,000원
춤추는 호떡 700원
팥빙수 3,000원

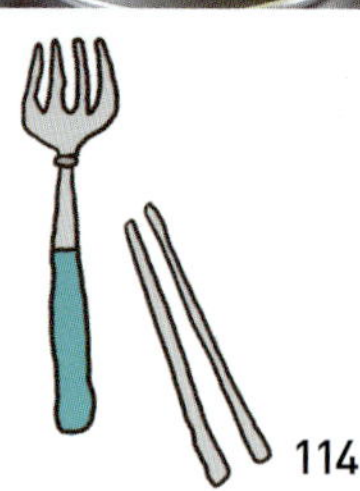

spot.1 광복동 젊음의 거리 먹자골목

부산에서 가장 거리 음식으로 번화한 곳은 바로 광복동 젊음의 거리 중앙에 일렬로 늘어선 노점상이다. 거리 양쪽으로는 쇼핑의 명소 부산다운 멋진 부티크와 보세 상점이 가득해 쇼핑과 거리 간식을 동시에 즐기려는 젊은이들로 인산인해를 이룬다. 이곳의 노점들은 맛과 구성 메뉴에서 약간의 차이가 있을 뿐 대부분이 만족할 만하다. 일명 '찌짐' 이라고 불리는 부추전, 새콤달콤한 오징어 초무침, 매콤달콤한 떡볶이와 부산어묵, 만두튀김, 김밥이 주요 구성 메뉴다. 이것저것 다 맛보고 싶을 때는 인원에 맞게 메뉴를 달라고 부탁해 보는 것도 좋은 방법. 이게 끝이 아니다. 이 거리에 딱 한집만 있는 호떡집도 불날 정도로 인기다. 바싹하게 구운 뜨끈한 호떡 안에는 해바라기씨, 호박씨, 땅콩 등 견과류와 달콤한 설탕 꿀이 가득 들어있다.

재료가 떨어지면 바로 미련 없이 철수하므로 눈에 보일 때 먹어주는 게 좋다. 입가심으로는 일명 팥빙수 거리가 형성된 골목으로 넘어가 시원하고 상큼한 과일 팥빙수도 맛보자. 직접 쑤어 올리는 달지 않고 고소한 팥이 빙수의 품격을 높여준다.

spot2 창선동 국제시장 먹자골목

40년 가까이 한곳에서 자리를 지키고 서민적인 먹을거리를 제공해온 할머니들의 손맛을 보려면 국제시장 먹자골목에 가야한다. 이곳에서는 너나없이 앉은뱅이 의자에 쪼그려 앉아 순대, 당면, 잡채, 충무김밥, 밀면 등을 먹는 재밌는 풍경을 보게 된다. 밤에 더욱 활기를 띠는 광복동과는 달리 이곳은 낮 시간에 가야 더 활기찬 분위기와 맛있는 거리 음식을 맛볼 수 있다는 것을 참고할 것. 이것저것 메뉴를 섞어먹고 싶을 때는 한곳에 자리를 잡고 다른 가게의 음식을 주문해도 된다.

spot3 깡통시장

깡통시장이란 수입 제품을 비롯해 온갖 의류와 잡화까지 총망라해 판매하는 서울의 남대문 수입상가 같은 테마 골목이다. 이곳에서의 쇼핑도 재밌지만 더 재밌는 것은 거리 음식 맛보기! 부산의 명물 거리음식은 깡통시장에 다 모였기 때문이다. 가장 유명한 것은 유부보따리를 파는 할매유부전골. 당면과 채소가 가득 든 유부보따리와 부산어묵을 함께 그릇에 담아준다. 함께 판매하는 어묵 튀김도 맛있다. 또 부산사람들이 길게 줄을 서서 먹는 비빔당면도 별미. 어묵 육수에 담근 뒤 익힌 당면을 단무지와 각종 채소, 매콤달콤한 소스를 얹어 비벼 먹는다.
입가심으로는 부드럽고 쫄깃한 새알이 들어있는 팥죽이나 시원하고 달달한 식혜 한 사발을 들이키면 절로 행복감이 들 정도!

멋과 풍류

Lifestyle & Culture

06
남해안의 보물을
찾아서

01 태백산맥 문학 기행

우리 문학계에 큰 획을 그은 소설을 꼽으라면 단연 〈태백산맥〉을 들 수 있다. 한국전쟁을 전후로 우익과 좌익의 첨예한 대립 속에 우리 민족이 겪었던 뼈아픈 과거를 반추하고 있는 소설은 첫 장부터 벌교를 무대로 이야기를 펼쳐나간다. 소설 속에 등장하는 여러 장소들이 실제 존재하고 있는 곳들이며 아직까지 치열했던 역사의 흔적들이 고이 남아 있다. 벌교역과 벌교 시장, 소화 다리 등 소설의 주요 무대가 되었던 곳들을 찾아 떠나는 문학 기행 코스. 태백산맥 문학관에서는 소설 집필 과정과 이에 얽힌 여러 이야기를 들을 수 있다.

벌교역

추천일정

20분 벌교역
30분 벌교시장
30분 홍교
10분 소화다리
20분 김범우의집
20분 조정래생가
10분 철다리
1시간 태백산맥문학관
30분 소화의집과 현부자네집

가는법 206p

옛 벌교의 관문
벌교역

소설 속에서 벌교역은 여러 행사와 다양한 사건들이 벌어지는 의미 심장한 장소로 나온다. 계엄사령관 백남식이 부임하고 데모대가 항의 시위를 하며 양효석이 금의환향하던 사건들 모두 벌교역에서부터 시작한다. 염상진이 사살된 후 사흘간이나 그의 목이 내걸린 곳도 벌교역 앞마당이다. 벌교역 앞에서 하나씩 소설 속 장면들을 떠올리다 보면 마치 실제 일어났던 사건들처럼 느껴진다. 지금의 역사 건물은 소설의 배경이 된 시대와는 완전히 다른 모습이다. 예전 벌교역은 작은 대합실과 사무실을 갖춘 아담한 역사였지만 1987년 오래된 건물을 허물고 새 역사가 건립된 후부터 지금과 같은 모습을 갖추게 되었다.

벌교역은 크지는 않지만 역 주변이 번화한 편이며 역사를 나서자마자 바로 시가지와 연결되는 교통의 요충지 역할을 하고 있다. 주변 모습은 소설에 묘사된 옛날 벌교역 풍경과 크게 다르지 않다. 물론 지금은 예전만큼 북적거리지는 않지만 벌교 역사는 여전히 벌교의 관문임을 입증이라도 하듯이 굳건한 모습이다. 역사 안에 방문기념 스탬프가 마련되어 있다.

✉ 전라남도 보성군 벌교읍 벌교리 890-1

벌교시장

꼬막좌판

싱싱한 꼬막이 가득한 벌교시장

벌교역에서 벌교 포구 쪽으로 조금만 내려가면 벌교 시장이 나타난다. 벌교 시장은 넓은 골목길 정도 되는 규모가 크지 않은 시장이지만 벌교 특산품인 꼬막을 비롯해 싱싱한 수산물과 건어물, 채소들로 가득 채워져 있다. 역시나 가장 눈에 띄는 건 갓 캐온 것 같은 신선한 꼬막들이다. 여자만과 득량만 일대에서 나는 벌교산 꼬막들은 쫀득하면서 담백한 맛이 나 인기가 높다. 시장 안뿐 아니라 시장 밖에도 수산 가게들이 즐비해 거리는 온통 비릿한 갯벌 내음으로 가득 찬다. 소설에서 배경이 된 시장은 1947년 무렵 홍교에서 소화다리 쪽까지 이어진 거리에 선 것으로 순천시장과 함께 전남 동부지역의 중심 시장으로 꼽힐 만큼 번창했다.

✉ 전라남도 보성군 벌교읍 벌교리

역사적 비극이 서린
소화 다리

벌교천을 잇는 다리 가운데 하나인 소화 다리는 원래 부용교라는 이름을 갖고 있지만 소화 다리로 더 잘 알려져 있다. 1931년에 건립된 철근 콘크리트 다리로 일제 강점기였던 당시가 소화 6년인 때라서 누군가 소화 다리라 부른 것이 널리 퍼지지 않았나 추측된다. 지금은 무척 평화로운 모습을 하고 있지만 이 다리는 역사적인 비극의 장소이다. 여순사건부터 시작해 6.25 전쟁 후까지 남북이 서로 대치할 때마다 이 다리 위에서 총살형이 실시되었다. 다리 아래에 버려진 시체들이 아무렇게나 쌓여 있고 그 아래로 핏물이 흐르던 처참했던 과거의 아픔들. 작가는 소설 속에 이 같은 장면들을 사실적으로 묘사해 놓고 있다. 소화 다리 아래쪽에 다리(제2부용교)가 하나 더 놓이면서 제1부용교라는 이름이 새로 붙여졌다.

✉ 전라남도 보성군 벌교읍 벌교리

소화다리

홍교

'벌교' 라는 이름의 유래
홍교

소화 다리 위쪽에 놓인 돌로 만든 무지개 다리인 홍교는 보물 제304호로 지정된 문화재급 유적지이다. 벌교천을 가로지르는 다리 가운데 가장 오래된 것이기도 하다. 조선 영조대에 순천 선암사의 승려인 초안과 습성 두 선사가 만들었다고 전해진다. 벌교의 홍교는 국내에 남아 있는 홍교 가운데 가장 규모가 큰 아치형 돌다리로 여러 번의 보수를 통해 아름다운 원형을 그대로 간직하고 있다. 이곳은 자동차 통행은 금지되며 보행로로만 쓰인다. 홍교가 없던 때에는 뗏목다리를 놓아 건너 다녔으며 벌교라는 이름은 여기서 유래되었다. 소설에서 뗏목다리를 대신한 홍교를 벌교의 상징처럼 표현한 대목이 여럿 눈에 띈다. ✉ 전라남도 보성군 벌교읍 벌교리

작가의 친구 집이 모델이 된
김범우의 집

소설 태백산맥의 주요 등장인물 중 하나인 김범우는 작가가 창조해낸 허구의 인물이다. 그런데 벌교에 가면 허구가 아닌 실재하는 '김범우의 집'을 찾을 수 있다. 작가의 어린 시절 친구의 집이 소설 속에서 김범우가 사는 집으로 등장하기 때문이다. 관람객들에게 일부 개방된 '김범우의 집'은 원래 이 지역 대지주였던 김 씨 집안 소유의 집이다. 사랑채, 겹안채, 장독대, 창고 등 옛 모습이 고스란히 남아 있어 이를 통해 당시 대지주의 생활상을 파악할 수 있다. 소설에서 김범우의 부친인 김사용은 양심을 갖춘 지주로 그려지는데, 실제로 '김범우의 집' 구석구석을 살피다 보면 검소하고 알뜰했던 집주인의 성품을 알 수 있다. ⊠전라남도 보성군 벌교읍 벌교리

태백산맥이 태어난 곳
조정래 생가

옛 벌교 상고였던 벌교 제일고교 부근에 조정래 작가가 어린 시절을 보냈던 생가가 자리해 있다. 전형적인 시골집으로 초가지붕이던 것이 슬레이트로 바뀌었을 뿐 옛 모습을 그대로 간직하고 있다. 이곳에서 작가는 초등학교 4학년부터 6학년까지 살았으며 당시에도 글짓기에서 탄 상장이 한쪽 벽을 다 덮었을 만큼 문학에 소질을 보였다.

⊠전라남도 보성군 벌교읍 회정리

염상구의 담력 테스트
철다리

제2부용교와 나란히 이어져 있는 철다리는 염상구가 땅벌이라는 깡패 왕초와 한판 붙은 곳이다. 장터거리 주도권을 두고 벌어진 이 대결은 기차가 가까이 올 때까지 누가 더 오래 버티는지 담력을 겨룬 것이다. 지금 생각하면 아찔하기만 담력 테스트이다. 지금도 여전히 이 다리를 따라 기차가 달리고 있다.

⊠전라남도 보성군 벌교읍 벌교리

1 옹석벽화 2 문학관 내부 3 조정래 작가의 육필원고

태백산맥문학관

태백산맥문학관은 소설 뒤편에 숨은 조정래 작가와 '태백산맥' 에 얽힌 수많은 이야기들을 담고 있다. 문학관 전시실은 1, 2층으로 나뉘어져 있으며 태백산맥에 관한 수많은 자료들이 전시되어 있다. 제 1전시실에는 소설을 준비하던 4년간 직접 자료수집에 나섰던 작가의 노고가 담긴 취재 수첩들이 진열되어 있다. 태백산맥은 1983년 집필을 시작한 후 6년 만에 총 10권으로 완결되었다. 또 집필 시 사용했던 만년필과 16,500매에 달하는 육필 원고가 눈길을 끈다. 차곡차곡 쌓여 있는 육필 원고는 어른 키를 훌쩍 넘을 정도다. 이 밖에 소설을 둘러싼 이적성 시비와 논란들도 자세히 정리되어 있으며 영화 '태백산맥' 에 관한 자료들도 함께 둘러볼 수 있다. 전시실 한 켠에 마련된 헤드폰을 착용하면 소설 속 주요 인물들의 대화들이 전라도 사투리 그대로 실감나게 들린다. 제 2전시실은 작가의 삶과 문학 세계를 좀 더 자세히 들여다보는 공간이다. 태백산맥 외에도 작가의 다양한 작품들이 전시되어 있으며 차분히 앉아 책을 읽을 수 있는 북카페도 마련되어 있다. 전시실 한쪽 면은 전면 유리로 마감하였는데 바깥으로 높이 8m, 폭 81m에 이르는 거대한 벽화가 내다보인다. 이종상 화백이 작업한 '원형상-백두대간의 염원' 이라는 작품으로 통일에 대한 소망이 담겨 있다. 지리산부터 백두산까지 4만 여 개의 자연석 몽돌을 채집하여 건식 공법으로 제작하였으며 세계 최초이자 최대의 옹석벽화로 꼽힌다. ✉ 전라남도 보성군 벌교읍 회정리 357-2 ₩ 무료 입장 ⏰ 09:00~17:00(하절기에는 18:00까지), 매주 월요일, 설날, 추석 당일 휴관 ☎ 061-858-2992 🖰 http://tbsm.boseong.go.kr

소화의 집

정하섭의 은신처
소화의 집

태백산맥문학관 바로 옆에 자리한 소화의 집은 소설이 시작되는 시발점인 곳이다. 밀명을 받고 벌교로 잠입한 정참봉의 손자 정하섭과 무당 월녀의 딸인 소화가 신당에서 만나면서 이들의 애틋한 사랑과 함께 역사의 소용돌이에 휘말린 사람들의 이야기들이 시작된다. 소설 속에서 소화의 집은 현부자가 제각과 별장을 신축하면서 전속 무당이나 다름없었던 월녀와 소화의 거처를 바깥 터에 마련해준 것이다. 실제 무당집이었던 이곳은 제각으로 들어서는 울 안의 앞터에 있었지만 오래전 태풍에 집이 쓰러지면서 일대가 밭으로 변해버렸다. 그 후 주차장으로 쓰이던 곳을 2008년 보성군에서 지금과 같은 모습으로 복원했다. ✉ 전라남도 보성군 벌교읍 회정리

건물이 흥미로운
현부자네 집

소설 첫 장면부터 등장하는 현부자네 집은 소화의 집에서 몇 발자국 떨어지지 않은 곳에 자리해 있다. 정하섭이 소화의 집을 은신처로 이용하면서 현부자와 이 집에 대한 이야기들이 자세히 묘사된다. 제석산 자락 아래 우뚝 선 현부자네는 원래 박 씨 문중 소유의 집이며 일반인들에게 개방되어 집 안 곳곳을 관람할 수 있다. 현부자네는 건물 자체로도 꽤 흥미를 끄는 곳이다. 한옥을 기본 구조로 하되 여기저기 일본식을 가미해 여느 기와집들과는 색다른 느낌을 준다. 특히 대문 위로 올린 누각이 눈길을 끈다. 현부자네 집 옆으로 제석산으로 오르는 '조정래 등산길' 이 조성되어 있다.

✉ 전라남도 보성군 벌교읍 회정리

현부자네 집

02 얼씨구 좋다, 남도 소리여행 

'아리아리랑 서리서리랑 아라리가 났네~ 아리랑 응~응~응~ 아라리가 났네~' 언제 들어도 흥이 나고 익숙한 진도 아리랑. 남도 여행에서 빼놓을 수 없는 테마 중 하나가 바로 '소리' 다. 남도의 소리 문화가 고스란히 보존되어 있는 진도는 씻김굿을 비롯해 강강술래, 남도들노래, 진도다시래기, 북놀이, 진도만가, 남도잡가 등 수 많은 무형 자산들이 마을마다 옛 모습 그대로 전승되어 내려오고 있다. 주말에 떠나는 남도 소리여행, 마음이 더욱 풍요로워진다.

4대에 걸쳐 내려온 화맥
운림산방

진도를 대표하는 문화 유적지인 운림산방은 조선 후기 남종화
의 대가였던 소치 허련 선생이 세운 화실이다. 진도가 고향인
소치 선생은 1857년 49세에 귀향하여 현재 자리에 운림산방을
지었으며 85세 나이로 생을 마감할 때까지 이곳에 기거하며
여생을 보냈다. 운림산방은 그의 아들인 미산 허형이 대를 이
어 그림을 익힌 곳이며 이후 손자인 허건과 허림 형제 그리고
현재 허문 선생에 이르기까지 약 200여년에 걸쳐 전통 남화가
이어지고 있는 유서 깊은 한국 남화의 산실이다.
첨찰산 자락에 자리한 운림산방은 사계절마다 모습을 달리하
는 연못과 정갈하게 꾸며진 정원, 화실 등이 주변 풍광과 조화
롭게 어우러져 그 자체로도 그림이다.
연못가에는 소치 선생이 심은 백일홍이 자라고 있으며 예전
그가 쓰던 화실과 생가도 둘러볼 수 있다. 한가로이 자연을 음
미하며 거닐다보면 문득 이곳을 처음 세운 소치 선생의 작품
세계가 궁금해진다. 운림산방 내에 있는 소치 기념관에 가면
소치 선생이 그린 그림들을 비롯해 4대에 걸쳐 내려온 화맥을
직접 확인할 수 있다. 운림산방은 영화 〈스캔들〉이 촬영된 곳
이기도 하다.

⊠ 전라남도 진도군 의신면 사천리 64 ⓦ 어른 2,000원, 청소년 1,000원,
어린이 300원 ⌛ 9:00~17:00 ☎ 061-540-6286

운림산방 안 소치 기념관

1시간 운림산방
　　　1시간 진도 역사관
1시간 토요 그림경매
30분 남도 벼룩시장
　　30분 신비의바닷길
　　　2시간 토요 민속 여행
30분 세방낙조
1시간 소포리 민속전수관

가는법 206p

내 마음대로 값 매기는
남도예술은행 토요 그림 경매

t!p

주말에 운림산방을 방문한다면 토요 그림 경
매를 놓치지 말자. 저렴한 가격에 수준 높은
작품을 구입할 수 있는 절호의 기회이기 때
문이다. 매주 토요일마다 운림산방 내 경매
장에서 열리는 토요 그림 경매는 남도예술은
행에서 소장하고 있는 한국화, 서예, 문화 등
지역 작가들의 다양한 작품들을 소개한다.
대부분 전라남도 지역에서 활동하고 있는 작
가들로 우수한 작품들만 엄선된다. 경매 시
작가는 인터넷 정가 대비 30~70% 할인된
가격으로 진행되며 2명 이상 동시에 응찰시
에는 2만원씩 올라간다. 낙찰 방법은 인터넷
정가에 먼저 도달한 최종 응찰자에게 낙찰된
다. 미리 인터넷을 통해 경매 출품 작품을 둘
러볼 수 있다.

진도 특산품이 한가득
남도 벼룩시장

토요 그림 경매가 열리는 날이면 진도의 특산품들도 한 자리에 모인다. 경매장 야외 공터에 펼쳐지는 남도 벼룩시장에는 구기자와 대파, 돌미역, 진도 울금 등 각종 특산 물품들이 한가득 자리를 차지한다. 이름 그대로 지역민들이 직접 생산해 내다 파는 작은 장터이지만 다채롭게 펼쳐진 좌판을 구경하다보면 어느새 양손 가득 무거워진다. 진도 특산품 중 으뜸으로 꼽히는 것이 진도 홍주이다. 이름처럼 붉은 빛을 띄는 홍주는 고려시대부터 전해 내려오는 진도의 전통주로 조선 시대에는 '지초주'라 불리며 임금님께도 진상되었다.

진도 명주인 홍주는 산삼, 삼지구엽초와 더불어 3대 선약으로 불리는 지초를 재료로 사용하며 고운 색깔과 은은한 향내가 술 맛을 더욱 좋게 한다. 동의보감에는 청혈과 해독, 해열 등에 효과가 있다고 적혀 있으며 항당뇨와 항비만 효과와 같은 약리작용도 있는 것으로 알려진다.

진도홍주

1,2 진도역사관

알기 쉬운 진도의 역사
진도 역사관

운림산방 바로 곁에 자리한 진도 역사관은 선사시대부터 고려 삼별초 항쟁, 조선 후기 명량 대첩에 이르기까지 진도의 역사를 알기 쉽게 풀어 놓았다. 진도 역사에서 빼놓을 수 없는 부분이 바로 고려 시대 몽고군에 대항했던 삼별초 항쟁이다. 삼별초의 대몽 항쟁 유적지인 용장산성에서 일어난 전투를 모형 전시해놓아 당시 처절했던 상황을 실감할 수 있다. 조선 후기에 벌어진 명량대첩 또한 자세히 설명하고 있으며 유배지로 많이 쓰이던 진도의 귀양 문화도 한 눈에 살펴볼 수 있다. 아이러니하게도 유배 온 문인들로 인해 글이나 그림, 소리 등 전통적인 진도 문화가 형성되어 되어 지금까지 보존되어 오고 있다. 이 밖에 농경유물실에서는 진도 지역에서 쓰이던 각종 농경문화 유물들을 관람할 수 있다.

전라남도 진도군 의신면 사천리 61 무료 관람
09:00~18:00 061-540-3560

바다 갈라짐 현상이 나타나는 신비의 바닷길 ⓒ진도군청

진도판 모세의 기적
신비의 바닷길

진도 동쪽 바다에서 펼쳐지는 신비의 바닷길은 '모세의 기적' 으로 불리는 바다 갈라짐 현상이 나타나는 곳이다. 국내에 나타나는 바다 갈라짐 현상 중 가장 유명하다. 1975년 주한 프랑스 대사인 피에르 랑디 씨가 이 현상을 목격한 후 현지 신문에 소개하면서 세계적으로도 널리 알려졌으며 1996년에는 일본의 인기 가수인 덴도요 시미 씨가 이를 주제로 한 '진도 이야기' 를 불러 히트를 치기도 했다.

신비의 바닷길은 고군면 회동과 의신면 모도 사이에서 일어나며 바다 밑이 드러나는 길이가 약 2.8km에 이른다. 바닷길이 열리는 시간은 한 시간 남짓하다. 한 달에도 몇 차례씩 바닷길이 열리지만 날짜와 시간이 일정하지 않기 때문에 떠나기 전 바다가 갈라지는 시간을 체크해두는 것이 좋다. 진도에서는 매년 봄 무렵 바닷길이 열리는 때에 맞춰 '신비의 바닷길' 축제를 개최하고 있으며 2011년에는 3월 19~21일까지 3일간 진행할 예정이다.

✉ 전라남도 진도군 고군면 금계리 산 93 ● 바다 갈라짐 시간은 국립해양조사원 사이트(http://info.khoa.go.kr)에서 알아볼 수 있다.

진도 바닷길을 연 뽕할머니 전설

신비의 바닷길에는 뽕 할머니 전설이 내려오고 있다. 옛날 호동마을(지금의 회동)에 호랑이가 침입해 사람들이 모두 건너편 모도로 피신하면서 마을에는 뽕 할머니만 남게 되었다. 할머니는 헤어진 가족들이 그리워 매일 용왕님께 기도를 했는데 어느 날 꿈속에서 계시를 받게 되었다. 다음날 모도와 가까운 바다에 나가 기도를 하니 회동과 모도 사이에 바닷길이 열렸다. 마을 사람들이 할머니를 찾기 위해 징과 꽹과리를 치며 호동에 도착하니 뽕 할머니는 "너희들을 다시 만났으니 여한이 없다"는 말과 함께 숨을 거두고 말았다. 이후 해마다 바닷길이 열리는 이곳에서 풍어와 소원성취를 비는 기원제가 열렸으며 지금은 '신비의 바닷길' 축제가 개최되고 있다.

토요 민속여행

매주 토요일마다 진도향토문화회관에서는 신명나는 우리 가락 한마당이 벌어진다. 아쟁 산조부터 토속 민요, 판소리, 단막 창극, 진도 북놀이와 진도 아리랑까지 메뉴도 푸짐하다. 게다가 이 모든 공연 관람이 무료다. 우리 고유의 전통 민속과 예술을 지키고 널리 알려나가고자 하는 지역민들의 소망이 담긴 무대이기 때문이다. 무료 공연이라고 우습게 보면 안 된다. 진도군립민속예술단 소속 중요 무형문화재 예능 보유자와 이수자들이 출연하는 토요 민속여행은 사실 돈 주고 봐도 아깝지 않을 최고의 무대를 선보인다. 구성진 가락과 걸쭉한 소리가 민속음악에 문외한의 귀에도 차지게 감긴다. 다른 곳에서는 비싼 값을 치르고 봐야 할 수준 높은 공연을 진도에서는 무료로 관람할 수 있는 셈이다. 1, 2층으로 이뤄진 600석 규모의 대공연장도 음향조명시설이 완벽하게 갖추어져 공연을 관람하기에 전혀 부족함이 없다. 관광객들 외에 공연 관람객 중에는 지역민들도 많다. 전통 문화를 사랑하고 아끼는 진도민들의 마음이 엿보이는 대목이다. 무료 관람이기는 하지만 공연 시간을 지키고 휴대폰은 진동으로 해 놓는 기본적인 예의는 지키도록 한다.

✉ 전라남도 진도군 진도읍 동외리 1189 진도향토문화회관
ⓦ 무료 관람 ⌛ 매주 토요일 14:00(4월~11월) ☎ 061-544-3543

주말이 즐거운 남도

금요일과 일요일에도 남도의 예술을 감상할 수 있다. 국립남도국악원은 매주 금요일 저녁 7시 금요상설 공연을 연다. 국립남도국악원 진악당에서 판소리와 기악합주, 민요, 무용, 사물놀이 등을 펼치며 1박2일 코스의 가족 주말 문화체험도 진행한다. 061-540-4034. 매주 일요일 오후 3시부터는 진도문화원 2층에서 진도실버민속예술단이 펼치는 마당놀이가 열린다. 061-544-1196. 두 공연 모두 무료다.

토요 민속 여행 공연 무대

세방낙조

다도해가 펼쳐진 바다 너머로 붉게 물들어 가는 석양이 아름다운 곳. 중앙기상대가 '제일의 낙조' 전망지로 꼽은 세방낙조 전망대다. 이곳에서 마주하는 일몰은 그야말로 환상적이다. 해질 무렵 섬 사이로 떨어지는 새빨간 태양도 장관이지만 앞바다에 점점이 떠 있는 혈도와 광대도, 양덕도 등 바다위에 실루엣처럼 그려지는 섬 풍경이 진한 감동을 안긴다. 한반도 최남단에서 만나는 최고의 낙조답게 해가 바다 속으로 완전히 잠긴 후에도 여전히 남은 석양빛이 긴 여운을 남긴다. 숲 속 위에 세워진 제2전망대까지 오르는 데는 10~15분 정도 걸린다. 낙조가 이미 시작되고 있다면 올라가는 시간 동안 해가 저버릴 수도 있으니 아래쪽 제1전망대에서 감상하는 편이 더 낫다. ✉ 전라남도 진도군 지산면 가학리 415

다도해 제일의 낙조로 꼽히는 세방낙조

직접 배워보는 남도 소리

소포 전통민속전수관

세방낙조에서 일몰을 감상했다면 하루 마무리로 소포 마을에서 열리는 민속 공연을 눈여겨두도록 한다. 소포 전통민속전수관에서는 매월 둘째, 넷째주 토요일마다 일몰 한 시간 후부터 마을 주민들이 직접 출연해 민속 민요 및 북놀이, 강강술래 등 특별한 공연을 펼친다. 누구나 관람할 수 있으며 시간에 맞춰 가기만 하면 된다. 전통문화가 살아 숨쉬는 소포 마을에서 하룻밤 묵어가며 남도 소리 한 자락 배워가도 좋은 추억거리가 된다. 소포 전통민속전수관에서 진행되는 남도소리기행 체험 프로그램에 참가하면 1박2일간 남도 잡가와 단가, 민요, 농악 장단, 강강술래 등 여러 다양한 민속 예술들을 접할 수 있다. 하루동안 소리를 배워보는 당일 체험 프로그램도 있다.

✉ 전라남도 진도군 지산면 소포리 121 ₩ 당일 체험 경우 어른 1만원, 어린이 5,000원(사전 문의 필수) ☎ 061-543-0505 🖰 www.sopoli.com

읍내를 제외하고 진도 국도변을 따라가는 길은 드라이브 코스로도 제격이다. 특이하게도 무궁화나무를 가로수로 심은 길들이 많다. 차들이 많이 다니지 않는 곳에서는 천천히 달리며 나들이 기분을 내기 좋다. 단 밤길은 가로등이 많이 없는 데다 해안가쪽으로 해무가 자주 끼기 때문에 조심해야 한다.

소포 전통민속전수관

03 휴(休), 안(安), 정(情) 관광 

바쁘게 달려가야 하는 도시의 일상을 뒤로 하고 지금만큼은 온전히 나를 위한 시간을 보내고 싶다. 지금까지 열심히 살아온 인생에게, 나에게 작은 선물을 선사한다. 어느 곳이나 발걸음 닿는 대로 마음껏 쉬고 안정을 취하며, 때로 인정 가득한 마을 주민들과 어울리며 삶의 축복 같은 시간을 보내는 여행. 그곳에 진정한 휴식이 있고 따스한 마음이 있다.

유람선 관광

새파란 바다 위를 유유히 흘러가는 유람선 관광은 부산여행에서 빼놓을 수 없는 휴식 코스다. 아무 곳도 가지 않아도, 아무것도 하지 않아도 될 자유. 유람선 갑판 위에 서면 모든 것을 훌훌 털어버린 이들만이 누릴 수 있는 자유로움이 온 몸으로 밀려들어온다.

바다에서 바라보는 육지 풍경은 오직 유람선상에서만 만날 수 있는 최고의 선물이다. 해변가 뒤로 세련된 고층 빌딩들이 들어선 해운대 전경은 미국의 마이애미 못지않은 화려함으로 가득하며 APEC 회의장이 우뚝 서있는 동백섬도 숨겨 놓았던 도도한 자태를 뽐낸다. 바다 위를 날 듯이 가로지르는 광안대교의 야경은 그 어느 곳보다 아름답다. 바다 너머로 보이는 도시 풍경은 성대한 막을 올린 파티나 다름없다.

선내로 들어서면 진짜 파티를 즐길 수 있다. 테이블 홀 안은 라이브 음악이 흘러나오는 멋진 분위기와 좋은 향미로 식욕을 돋우는 맛있는 음식들이 가득하다. 하나하나 맛을 음미해가며 식사를 즐기는 동안 마음 깊은 곳에서부터 행복감이 물밀듯 차오른다. 이런 기분에 맥주 한 잔이 빠질 수 없다. 시원한 바닷바람을 맞으며 느긋하게 저녁 시간을 즐겨보자. 수많은 조명들로 빛나는 도시의 야경과 밤하늘에 총총히 뜬 별빛의 향연은 평생 잊을 수 없는 추억을 안겨준다.

도심 속 사람들에게 선물 같은 공간
이기대

이기대(二妓臺)는 그 이름부터 흥미로운 설이 있는 곳이다. 이름에도 나오는 '기녀 두 명'의 정체 때문인데 경상좌수가 총애하던 두 기생의 무덤이 부근에 있다는 설과 논개처럼 적장을 안고 바다로 뛰어 들었던 기녀를 기리기 위해 의기대(義妓臺)라는 지명이 변형됐다는 설이 분분하게 전해져 온다.

군사기지였다가 일반에 개방된 이기대는 청정지역에만 나오는 반딧불이 등을 비롯해 여러 희귀식물이 발견되면서 생태학적으로도 가치를 인정받고 있다. 최근에는 장자산 장산봉과 부산의 바다를 동시에 품은 지리적 장점을 살려 해안산책로를 조성해 부산의 새로운 명소로 주목받고 있다. 특히 이기대에서 오륙도로 이어지는 산책로는 부산을 사랑하는 문화예술인들이 추천하는 '걷고 싶은 길'에도 선정됐다.

바다를 끼고 걷는 걸음도 전혀 지루할 틈이 없다. 해안산책로의 사이사이에 마련된 바다를 향한 벤치나 운치 있는 다리, 지압 보도, 부산시 전체를 터치스크린으로 살펴볼 수 있는 장치가 마련돼 있다. 바다쪽 바위 위에 커다랗게 난 공룡발자국과 얼마전 큰 성공을 거두었던 영화 〈해운대〉의 흔적을 찾아보는 것도 색다른 재미다. 바다에 비친 모습이 다이아몬드처럼 보이는 우아한 광안대교와 누리마루를 조망할 수 있는 것도 이 산책로의 매력이다.

✉ 부산 남구 용호동 LG메트로시티에서 이기대 순환도로를 타고 간다.
이기대공원 관리사무소에서 걸어가면 해안산책로가 나온다 ☎ 051-670-4061

1 이기대 해안산책로
2 이기대의 절경
3 첨단설비를 갖춘 이기대

1 토암 도자기 공원 전경 **2** 차와 식사가 가능한 카페 **3** 안내판 **4** 토우

달빛 정기를 받으며 마음 수양을
문탠로드

길이 2.2km의 문탠로드는 그 이름부터 운치가 흘러넘친다. 일광욕을 뜻하는 선탠(Sun-tan)처럼 문탠로드란 해운대구가 대한팔경의 하나인 달맞이 언덕의 숲을 달빛샤워를 하며 걷는 산책길이다. 선탠이 몸을 햇볕에 쪼이며 건강을 위해 하는 활동이라면 문탠은 은은한 달빛으로 하는 마음 수양이라는 것. 문탠로드로 지정된 달맞이길~달맞이동산~오솔길~어울마당까지는 떠들썩한 해운대와는 달리 조용히 사색을 즐기며 쉴 수 있는 공간이다. 문탠로드는 남해안과 동해안을 잇는 길이기도 하다. 해운대가 남해의 동쪽 끝 백사장이라면 송정은 동해의 맨 아래 해수욕장인 까닭이다. 얼핏 들으면 문탠을 즐기려면 달 밝은 밤이 제격이라고 생각하지만 실제 이 산책로는 낮에 더 많은 사람이 찾는다. 향긋한 소나무 향을 맡으며 푹신한 흙길을 밟고 푸른 바다를 내려다보며 걷기에는 낮이 더 좋다. 푸른 바다 저 멀리 보이는 오륙도 역시 문탠로드의 걸음걸음을 즐겁게 만든다.

2002개 토우들의 합창
토암 도자기 공원

'헛된 소리 딱한 소리 듣지 말고 텅 빈 마음으로 참된 노래하자.' 이 같은 문구와 함께 토암 도자기 공원에는 귀가 없는 토우들이 모두 크게 입 벌려 무언의 노래를 한다. 분청사기 장인인 토암 서타원 선생의 작업터였던 이곳은 현재 선생의 살아 생전 소망이었던 복합문화쉼터로 조성되어 많은 이들이 찾는다. 대변항이 내려다보이는 언덕 위에 때때로 야외 음악회가 열리고, 쉬엄쉬엄 삼림욕도 할 수 있으며 이곳저곳에 전시된 도자기 작품도 감상할 수 있다.

뒷동산에는 2002개의 토우들이 일제히 합창하고 있는 토우 공원이 있다. 모두 토암 선생이 만든 것으로 암 선고에도 굴하지 않고 삶의 끝까지 최선을 다했던 그의 삶이 깃들어 있다. 그 많은 토우들 중에 어느 것 하나 똑같은 것이 없다. 지금 내 심정은 어떤 토우와 많이 닮아 있는지 한 번 찾아보는 것도 재미있을 것 같다. 공원 안에서 차와 식사도 가능하다.

부산광역시 기장군 기장읍 대변리 521-1
051-721-2231 www.toampark.com

여러가지 표정의 토우들

당신의 '한 가지 소원' 은?
해동 용궁사

해동 용궁사는 1376년 공민왕의 왕사였던 나옹대사가 창건한 사찰로 바다를 품고있는 아름다운 경관과 함께 가능성 있는 메시지를 선사한다. '한가지 소원은 꼭 이루는 해동용궁사' 라는 절의 약속은 '모든 소원이 다 이뤄지는' 이라는 수식어보다 더 현실감이 있다. 경내로 들어가는 길에 장식해둔 곰곰이 생각에 잠기게 하는 문구도 마음에 와 닿는다. 사람들의 열망을 담은 탑이나 불상의 느낌도 소소해서 더욱 정감이 넘친다. 탑돌이를 하며 진실한 마음으로 기도하면 큰 사고를 면한다는 교통 안전 기원탑은 '성취' 만을 바라는 우리의 틈새 소망을 공략한다. 만지면 아들을 낳게 해준다는 득남불의 배는 얼마나 많은 사람들의 손을 탔는지 불룩 나온 배만 까맣고 맨질맨질하다. 학업성취불 역시 수험생 자녀를 둔 부모들의 발길을 붙든다.

대웅전을 지나 계단을 오르면 바다를 바라보는 해수관음대불과 마주하게 된다. 이 관음상이 '한 가지 소원을 들어준다' 는 주인공이다. 몸가짐을 조심스럽게 하고 정성스럽게 절을 올리는 사람마다 그 애절한 마음만은 같다. 아픈 사람들이 병을 맡기고 간다는 약사여래불과 해가 가장 먼저 뜨는 일출암, 해변산책길로 통하는 방생터 등 절의 부속 공간도 놓쳐서는 안 되는 용궁사의 아름다운 풍경이다.

✉ 부산광역시 기장군 기장읍 시랑리 416-3 ₩ 무료관람 ☎ 051-722-7744 🖰 www.yongkungsa.or.kr

1 탁트인 풍경의 해동 용궁사
2 십이지지상 **3** 용궁사

장안사

불광산 아래에 세워진 천년고찰 장안사는 등산로 길목에 서 있는 까닭인지 작은 절임에도 불구하고 늘상 사람들로 북적거린다. 하지만 절 안은 소란스러운 기색 하나 없이 고요하고 평화롭다. 모두들 묵언 수행중인 이들처럼 발걸음 하나에도 조심하는 마음이 담겨 있다. 단 15분 만에도 금세 돌아볼 수 있는 아담한 절이지만 그러기엔 아쉬운 구석이 많다. 시에서 지정한 기념물과 문화재가 일곱점이나 되는 데다 원효대사가 신통력을 부려 천 명의 중국 스님을 구했다는 척판암 등 자세히 들여다보면 재미난 자랑거리가 많다. 절 안에 들어서자마자 마주보이는 약수도 한 모금 마셔야 하고 부처님 진신사리탑을 돌며 소원도 빌어야 하며 정원처럼 예쁘게 꾸며진 경내도 산책 삼아 한 바퀴 돌아봐야 한다. 극락전에 모셔진 금칠된 와불은 자칫 놓치기 쉬우니 조금 더 주의를 기울여 돌아보도록. 사찰 옆으로 난 대나무 숲길도 시간을 내어 걸어보기를 권한다. 숲길이 그리 길지 않아 부담 없이 다녀올 수 있다.

✉ 부산광역시 기장군 장안읍 장안리 598   ₩ 무료 관람   ☎ 051-727-2393

하장안 느티나무

장안사 가는 길에 지나게 되는 작은 농촌 마을 하장안. 쉽사리 지나쳐버릴 수도 있는 길이지만 마을 어귀에 선 가지마다 무성한 잎을 피워낸 아름드리 나무 하나가 그 앞을 가로막는다. 첫 눈에도 예사롭지 않은 기에 이끌려 발걸음은 어느새 나무 앞으로 향하게 된다. 가까이 갈수록 더욱 더 거대해지는 나무 때문에 덩달아 눈도 크게 떠진다.

정말 놀라운 건 이 나무의 나이가 무려 1300년이라는 사실. 하지만 나무는 천년 세월을 무색하게 만들만큼 여전히 건재한 모습이다. 하늘 위로 뻗은 가지마다 푸른 나뭇잎들이 가득하고 그 사이로 새들이 즐겁게 지저귄다. 여럿이 함께해도 넉넉한 그늘을 만들어주는 나무는 그저 묵묵히 긴 세월을 감내해왔으리라. 이 나무는 통일신라시대 문무왕이 부근을 지나다 심은 것으로 전해진다. 국내에서 가장 오래된 느티나무로 1999년 12월28일 산림청에서 '밀레니엄 나무'로 지정해 보호하고 있다. 부근에 표지판이나 길 안내가 없어 찾기가 쉽지 않으니 주변 이들에게 물어보는 것이 좋다. ✉ 부산광역시 기장군 장안읍 장안리 294

1 장안사 옆 대나무 숲길 **2** 장안사 풍경
3 하장안 느티나무

도자기마다 깃든 장인의 숨결
상주요

잘 알려져 있지 않은 사실이지만 부산 기장 지역은 도자 가마가 많은 남해안 요업의 요람이다. 예로부터 이 지역은 많은 도공들이 살고 있었으며 도요지가 많기로 유명했다. 임진왜란 당시에 기장 지역에 살던 수많은 도공이 일본으로 끌려갔으며 그곳에서 조선 도자기의 우수성을 전파하기도 했다. 무엇보다 기장 지역은 도자기를 만드는데 가장 중요한 흙의 품질이 뛰어나기로 소문나 있다. 그 때문인지 현재 이곳에 터를 잡은 도자기 장인 중에는 다른 지역에서 활동하다 우연찮은 기회에 기장의 흙을 접하고 아예 이 지역으로 넘어와 정착한 이도 많다. 기장 지역 도자 문화를 대표하는 상주요는 무형문화재 제 13호인 도봉 김윤태 선생이 세운 전통 가마이다. 돌이 부서져 흙이 되고 그 흙에 열을 가해 다시 돌처럼 단단한 도자기를 만드는 과정 속에 장인의 숨결이 담긴다.

특히 김윤태 선생은 자타가 공인하는 전통 가마 제작의 일인자로 대부분 요업이 가스 가마를 이용하는 것에 반해 상주요에서 제작되는 모든 도자기는 1300℃가 넘는 전통가마에서 열시간 이상 구워져 나온다. 전통적인 방식을 고집하는 정성과 그만의 장인 정신이 깃들어 있는 도자기들은 국내 뿐 아니라 바다 건너 일본에까지 전해져 찬사를 받는다. 상주요에 전시되어 있는 작품들 하나하나마다 선생의 도예혼이 뿜어 나온다.

✉ 부산광역시 기장군 일광면 원리 421-1
☎ 051-727-3187 ⌂ www.sanguyo.com

1,2 상주요에 전시된 작품들 3 전통가마 4 일광해수욕장

1 예스런 한옥건물들로 지어진 기장문화예절학교
2 전통악기를 수련중인 아이들 **3** 수련관

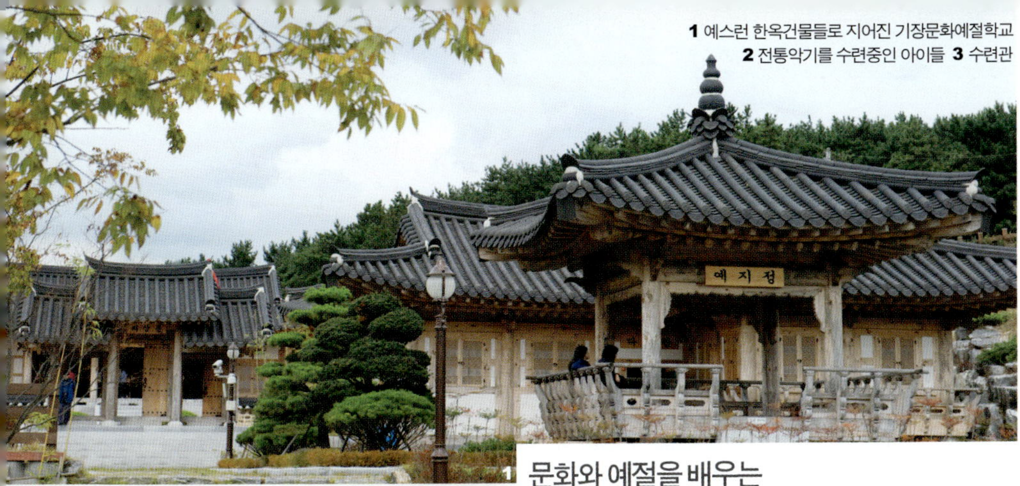

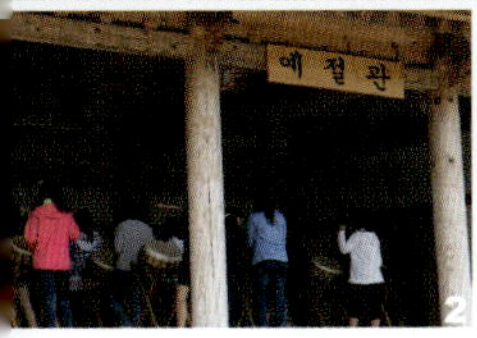

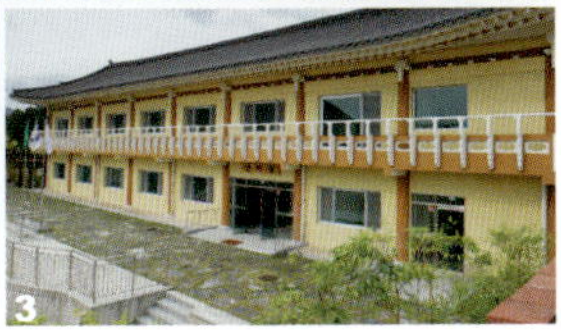

문화와 예절을 배우는
기장문화예절학교

기장 월내역 부근 바다가 내려다보이는 언덕에 자리한 기장문화예절학교는 전국 최초로 세워진 문화와 예절을 특성화한 청소년 수련 시설이다. 기존 청소년 수련원들이 모험과 극기를 통한 '호연지기와 기개 함양' 에 초점을 맞췄다면 기장문화예절학교는 '인, 의, 예, 지, 신' 을 기르기 위한 특화된 수련시설이다. 일반적인 수련 시설과 달리 시야가 확 트인 부지에 자리한 한옥 건물들은 그 자체로도 훌륭한 볼거리가 된다. 주변 경관이 한 눈에 들어오는 정자에 앉아 잠시 사색에 잠겨 봐도 좋고 운이 좋으면 혼례관과 선비관에서 전통혼례나 성년례를 시연하는 모습도 구경할 수 있다. 때때로 쉬는 날에는 앞마당에서 신명나는 윷놀이 한 판도 벌어진다. 기장문화예절학교에서 운영하는 프로그램에 참여하면 좀 더 심도 깊은 우리의 문화와 예를 배울 수 있다. 다도나 예절, 국악, 서예, 공예교실과 같은 문화교실은 물론 한옥체험 프로그램 등 흥미를 느낄 수 있는 즐길거리가 많다. 프로그램에 참가하기 위해서는 사전 예약이나 상담이 필요하다. 청소년이나 어린이가 있는 가족이라면 한 번쯤 기장문화예절학교의 프로그램을 이용해보는 것도 잊을 수 없는 추억이 된다.

부산광역시 기장군 장안읍 월내리 579
프로그램에 따라 다름. 별도 문의
051-728-8020
gcdyc.gijangcmc.or.kr

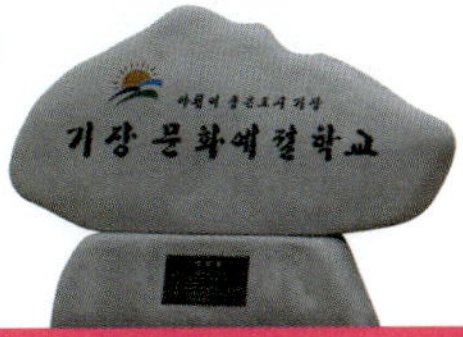

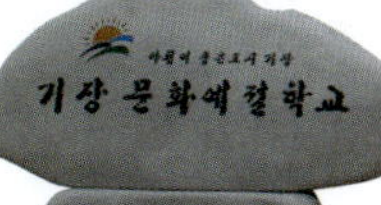

정몽주도 쉬어간
일광해수욕장

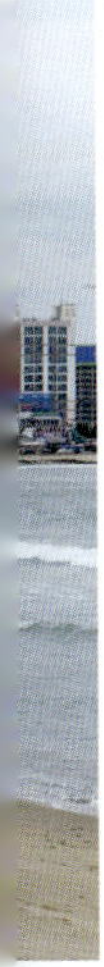

장엄하지 않아서, 광활하지 않아서 좋다. 지평선이 보이지 않을 정도로 끝없이 펼쳐진 모래사장보다는 그 끝이 두 눈 속에 담기는, 그래서 더 아늑하게 느껴지는 그곳. 기장의 작은 어촌 마을에 펼쳐진 일광해수욕장. 느긋한 발걸음으로 해변가 모래밭을 거닐다보면 찰랑대는 파도 소리가 더없이 평화롭게 느껴진다. 이천강과 이천포가 맞닿은 풍경도 소박하기 그지없다. 학리 어구까지 둥근 원을 그리고 있는 모래사장 한가운데는 고려말 정몽주와 이숭인, 이색 세 사람이 유람했다고 전해지는 삼성대가 자리한다. 걷다 출출하다 느껴지면 인근에 있는 횟집이나 음식점을 이용하면 된다. 해변가 바로 뒤로로 은은한 커피 향이 흘러나오는 앙증맞은 카페 카가 세워져 있다.

부산광역시 기장군 일광면

04 현대도시 예술 아이콘,
비보이

부산에 산재하고 있는 힙합 문화에서 비보이(B-boy)를 주축으로 하는 스트리트 문화를 빼놓을 수 없다. 역동적이고도 에너지가 넘치는 비보이 공연은 현대 문화의 다양성을 보여주는 동시에 전통 문화를 향유할 수 있는 남해안의 다채로운 문화를 더욱 풍성하게 만들어 준다. 세계 4대 비보이 대회에서 극찬을 받는 대한민국의 비보이가 펼쳐 보이는 부산의 비보이 배틀이 언젠가는 세계 대회에 버금가는 대회가 될지 모를 일.

추천일정

탑오브 드래곤
비보이페스티벌 참관하기

비비시어터에서 공연
관람하기

비보이의 성지
부산 용두산 공원

70년대 후반 미국에서 힙합, 브레이크 댄스에서 파생된 댄싱 문화인 비보이가 한국에서는 부산 용두산에서 시작했다는 걸 아시는지? 용두산 공원에서 장판을 깔고 현란한 춤사위를 선보이며 부산의 또 다른 명물로 자리잡은 '비보이 문화' 역시 남해안의 흥을 돋우는 또 하나의 요소다. 부산에서는 오샤레, 킬라몽키스, 카운트킹스 등 스트리트 댄스 팀 20여 개가 활동하며 서울의 비보이, 스트리트 댄스 팀과 함께 세계대회에서도 두각을 나타내고 있다.

이처럼 부산 지역의 비보이에 대한 큰 관심에 힘입어 2009년 12월, 부산 서면에는 비보이 전용극장인 비비시어터가 개관했다. 이곳에서는 세계 최초의 브레이크 댄스 뮤지컬 〈비보이를 사랑한 발레리나〉가 연중 상설 공연된다. 비보이를 사랑하게 된 발레리나가 비걸(B-girl)이 되는 과정을 비보잉, 락킹, 팝핑, 걸스힙합 등 온몸이 들썩이는 스트리트 댄스와 우아한 발레로 풀어내 외국인에게도 큰 인기를 얻는 공연이다.

✉ 부산광역시 부산진구 부전동 218 은하빌딩 지하 2층
Ⓦ R석 5만원, S석 4만원 ☎ 051-804-2252 🖱 www.bbtheater.co.kr

날아라, 비보이!
비보이 페스티벌

비보이의 메카답게 부산에서는 비보이, 비걸이 한자리에 모이는 전국 비보이 배틀 대회를 개최한다. 행사의 이름은 탑 오브 드래곤 비보이 페스티벌(Top of Dragon B-boy Festival). 2010년의 경우에는 11월 13, 14일 양일간 부산역 광장 야외무대에서 치열하면서도 역동적인 전국 비보이들의 경합이 펼쳐졌다. 본선은 토너먼트 배틀 방식으로 치러졌다. 우승팀에게는 재단 대표이사상 및 상패와 상금 500만원이 주어지며 2011년 조선통신사 국제교류행사의 출연 팀으로 참가하게 된다.

05 경남의 걷고 싶은 길

저 멀리 외국에 그 대단하다는 그레이트 오션 로드(Great Ocean Road) 못지않은 해안 산책로가 남해안에도 여럿 있다. 국토해양부가 선정한 52개 코스의 동·서·남해안 해안 도보 산책길이 바로 그것. 마음껏 맛보고 즐긴다는 의미의 순우리말 '누리' 를 합쳐 '해안누리길' 로 불린다. "그레이트!" 라는 탄성조차도 나오지 않을 정도로 입이 떡 벌어지는 아름다운 해안누리길. 그중에서도 한려수도와 함께 걷는 경남의 해안누리길로 자랑자랑 걸어가 보자.

실안 노을길

'삼천포(三千浦)로 빠진다'라는 말은 이야기가 곁길로 샐 때 쓰는 말이다. 예전에 부산을 출발해서 진주로 가는 기차에는 삼천포행 승객과 진주행 승객이 함께 탔다고 한다. 기차가 계양역에 닿게 되면 객차가 분리되며 각각의 목적지로 향했다. 이 때는 열차 내 방송으로 진주행 손님과 삼천포행 손님이 가야하는 객차를 알려줬다. 그 와중에 진주를 가려던 사람이 깜빡 졸거나 방송을 놓쳐 진주가 아닌 삼천포로 빠지게 되는 경우가 잦았던 데에서 유래한 말이다.

하지만 기차가 아닌 자가용이나 자전거, 도보 여행을 목적으로 하는 여행자에게 '삼천포로 빠지는 것'은 실수가 아닌 또 다른 즐거움이 된다. 실제 창선, 삼천포 대교를 포함하는 실안 노을길은 '한국의 아름다운 길 100선'에서 무려 대상을 차지한 근사한 풍경으로 이름이 높다. 우리나라 최고의 일몰로 꼽히는 실안 노을, 창선교 주변의 죽방렴, 쪽빛 바다에 둥실 떠있는 한려수도를 비롯해, 삼천포대교, 초양대교, 늑도대교, 창선대교, 단항교까지 5개의 교량이 이뤄내는 각양각색 다리의 하모니에 할 말을 잃는다.

✉ 남양동 주민 센터 → 중촌 마을 → 모충 공원
→ 삼소원 입구 → 각산 봉화대 → 실안 농원 → 실안 마을
→ 실안 선착장 → 삼천포 대교 공원 (약 8km, 3시간 소요)
☎ 사천시 관광 안내소 055-835-1023

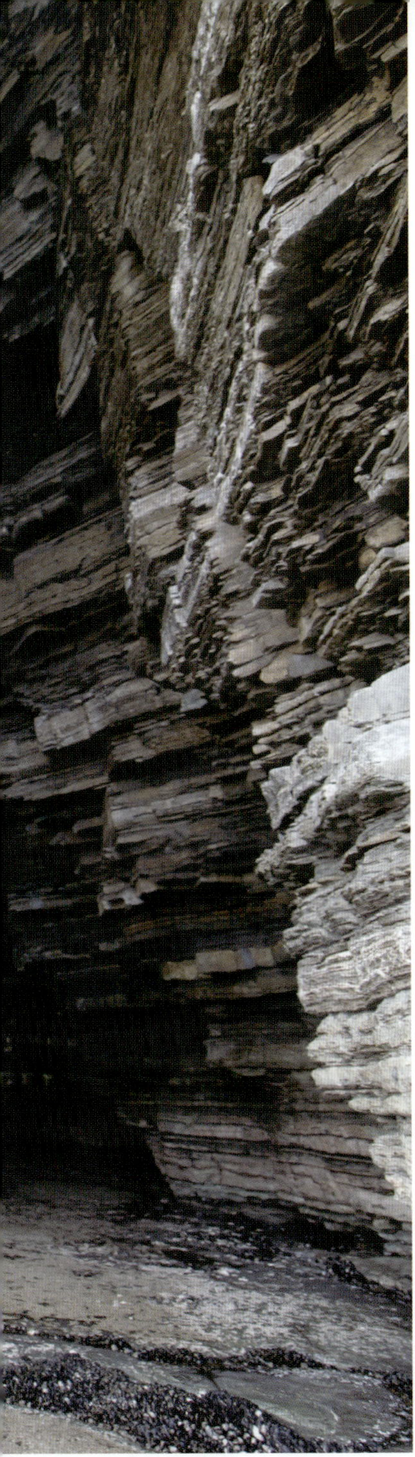

시간, 흐르는 것이 아닌 쌓이는 것
공룡화석지 해변길

고성은 '이순신 장군' 을 테마로 여행하기도 그만인 곳이지만 무엇보다 '공룡' 의 흔적들을 만나기에 더없이 좋은 곳이다. 고성군 상족암군립공원에는 고성의 명물인 공룡박물관이 위치해 있다. 공룡박물관 그 자체도 훌륭한 교육의 장이 되지만 진정한 배움과 여행의 즐거움은 박물관 밖에서 더 다양하게 찾아볼 수 있다. 박제된 공룡이 아닌 실제 공룡발자국을 그대로 일반에 공개하는 몇몇 코스를 비롯해 해안가를 따라 난 산책로에서는 그야말로 수 천 년, 수 억 년의 시간이 고스란히 쌓여있는 흔적을 마주하게 된다.

100년, 1000년의 시간이 켜켜이 쌓여 이뤄진 아름다운 퇴적암인 상족암을 비롯해 흡사 영화 〈인디아나 존스〉의 한 장면처럼 원시적이고 신비로운 분위기를 품은 선녀탕 등…. 이곳을 걷노라면 '내' 가 주체가 되는 시간으로부터 '지구' 의 오래된 시간을 상상해보는 무척이나 독특한 체험을 해 볼 수 있어 더욱 뜻깊다. 몽돌 해안과 촛대바위 병풍바위 등 자연이 빚은 근사한 작품도 볼거리다. 게다가 5,000여 족이라는 다른 지역과는 비교도 안 될 정도로 많은 수의 공룡발자국과 1억 년 전의 새발자국을 찾아보는 재미까지 쏠쏠하다.

☒경남 고성군 하이면 덕명리 상족암군립공원 85번지 일대 (약 3.5km, 1시간 30분 소요) ☏ 상족암군립공원 055-832-9021

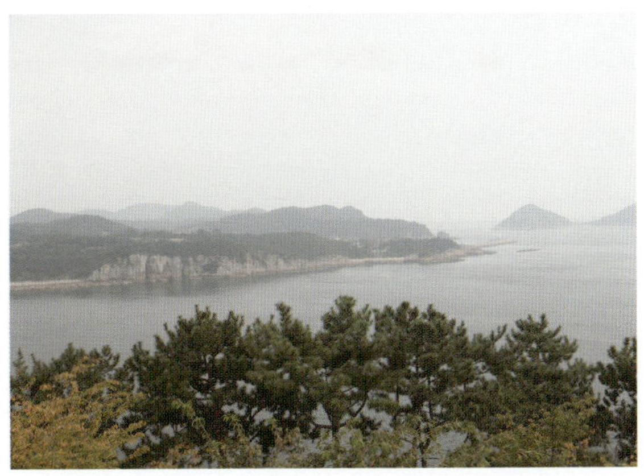

다랭이길 & 물미 해안도로

물미해안도로는 미조면 항도마을에서 삼동면 물건마을을 잇는 해안도로다. 마을 전체가 깎아지른 듯 한 해안 절벽을 끼고 있는 덕분에 에메랄드 빛 바다와 한려수도의 절경이 어우러져 지중해 못지않은 수채화 같은 풍경을 연출한다. 특히 노란 유채꽃이 흐드러지게 피고 도로에 벚나무가 환상적인 꽃 터널을 만드는 봄과 코스모스가 길가를 채우는 가을에는 그 아름다움이 극에 달한다. 물미 해안도로를 타고 지나게 되는 마을마다 소박하면서도 정겨운 모습이 남해의 절경과 함께 빼어난 아름다움을 자아낸다. 내항도, 외항도 의 쌍둥이 섬을 가진 항도마을에 있는 전망대에서는 사량도, 두미도, 욕지도, 콩섬, 팥섬 등 남해의 다채로 운 한려수도의 향연을 마음껏 즐겨볼 수 있다.

남해의 해안절경이 가장 눈부신 곳 중 다른 하나
는 남면 평산마을에서 가천마을까지 이어지는
남면해안도로다. 파란 바다에 점점이 떠 있는 섬
풍경은 그림엽서처럼 아름답다. 계단식 논을 일
컫는 '다랭이 논' 으로 유명한 가천 다랭이마을은
자연과 인간이 창조해낸 근사한 합작품이다. 보
기만 해도 가슴이 뻥 뚫리는 바다를 배경으로 난
계단식 논, 허리를 구부리고 다랭이 논에서 손 모
내기를 하는 할아버지, 할머니, 소의 움직임에 우
리네 고향속 그리운 풍광에 가슴이 설렌다.
갯바위에 앉아 남해 바다의 절경에 취했는지 낚
시에 푹 빠졌는지 모르는 어부, 귀여운 몽돌이 가
득한 해안산책로도 걸음걸음을 즐겁게 한다.

✉남해 다랭이길 – 남해군 남면 홍현리 일대 (약 4km, 1시간)
남해 물미해안도로 – 남해군 미조면 항도마을~물건리 (약
16.5km, 5시간 소요) ☏남해군 문화관광과 055-860-8601

수륙해안산책로

한려해상국립공원을 끼고 있는 다른 지역과 마찬가지로 통영 역시 수려한 아름다움으로 보는 이의 입을 떡 벌어지게 한다. 수륙해안산책로는 통영 바다를 가장 가까이에서 만날 수 있는 장소다. 도남관광지 금호 리조트에서 일운마을까지 해안을 따라 이어지는 길로 걷거나 자전거를 타고 이용할 수 있다. 다른 지역과는 달리 산책로의 중간 지점인 수륙마을에서만 차량 통행이 가능해 자동차가 없는 길인 까닭에 보다 조용하고 사색적인 산책을 할 수 있어 매력적이다. 도남동의 연필 모양 등대, 바로 코앞에서 보는 앙증맞은 한려수도, 쪽빛 바다에 찌를 던져 낚시하는 사람들의 풍경은 아무리 오래 보고 또 봐도 물리지 않는다. 걷는 게 부담스럽다면 자전거 도로가 시작되는 길에 마련된 자전거 대여소나 마리나 리조트 근처에서 자전거를 빌려 남해안을 씽씽 달려보는 것도 좋은 방법이다. 자전거를 타고 이 길을 왕복하는 데 소요되는 시간은 약 1시간. 걸어서 왕복하는 데에는 약 4시간이 소요된다.

✉ 통영시 도남동~산양읍 영운리(약 4.3km, 2시간 소요) ① 통영시 문화관광과 055-645-0101

Travel tip 그 외의 경남의 걷고 싶은 길

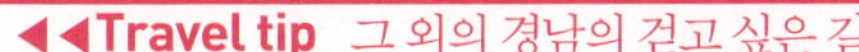

- **백수해안 해당화길** | 영광군 백수읍 길용리~홍곡리 | 16.8km | 300분 소요
- **돌머리 해안길** | 함평군 함평읍 석성리(돌머리해변) | 7.6km | 120분 소요
- **생태갯벌센터길** | 무안군 해제면 유월리(생태갯벌센타) | 13.3km | 480분 소요
- **흑산도예리해안길** | 신안군 흑산면 예리 | 3.9km | 80분 소요
- **해넘이길** | 신안군 자은면 한운리~송산리 | 12.0km | 180분 소요
- **웰빙등산로** | 진도군 의신면 접도 | 14.0km | 480분 소요
- **신비의 바닷길** | 진도군 고군면 회동리~의신면 모도리 | 2.7km | 120분 소요
- **수류미등대길** | 해남군 화원면 별암리~매월리 | 수류미등대길 | 11.2km | 220분 소요
- **땅끝해안도로** | 해남군 송지면 송호리~통호리 | 땅끝해안도로 | 8.0km | 150분 소요
- **슬로우시티 체험길** | 완도군 청산면 도청리~동촌리 | 19.4km | 360분 소요
- **신지 명사길** | 완도군 신지면 송곡리~대곡리 | 16.1km | 360분 소요
- **해수욕장길** | 보성군 회천면 전일리~동율리 | 3.6km | 90분 소요
- **갈맷길(몰운대길)** | 사하구 · 몰운대~다대포해수욕장 | 4.0km | 120분 소요
- **갈맷길(절영해안로)** | 영도구 · 동삼동 태종대(남항대교) | 10.6km | 240분 소요
- **갈맷길(해운대삼포길)** | 해운대구 우동~송정동(동백섬~송정) | 7.0km | 180분 소요
- **갈맷길(해안산책길)** | 기장군 · 기장읍 죽성리 일원 | 12.0km | 240분 소요

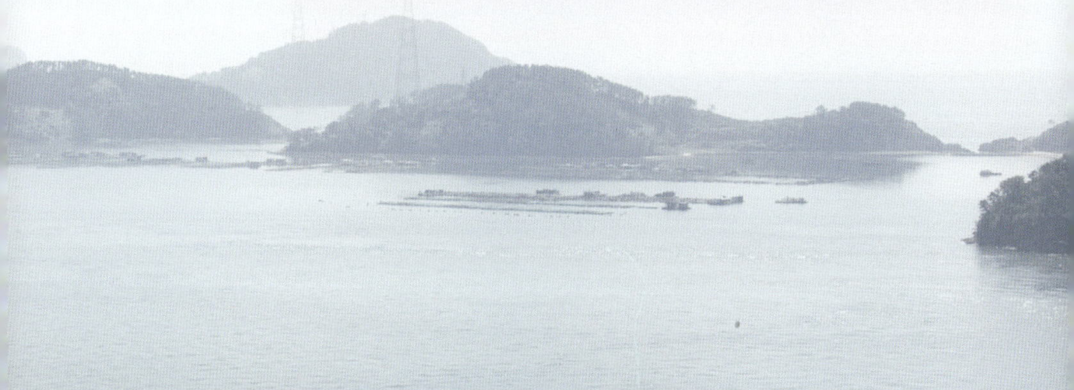

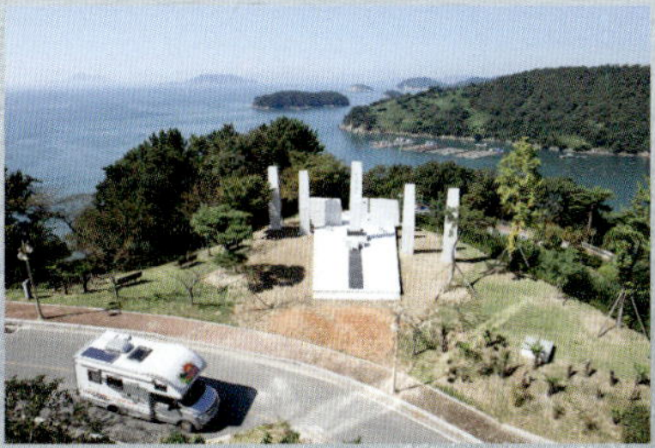

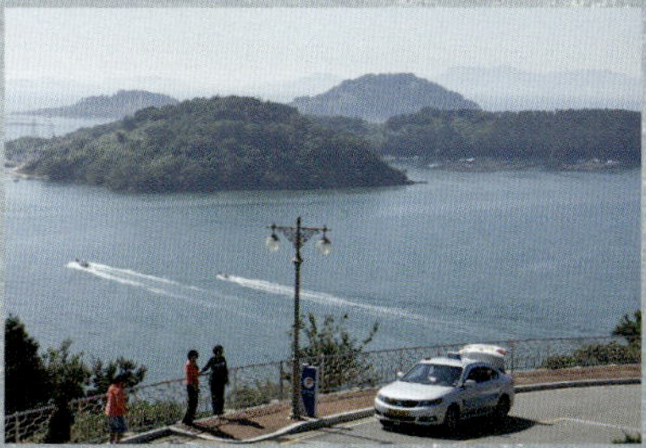

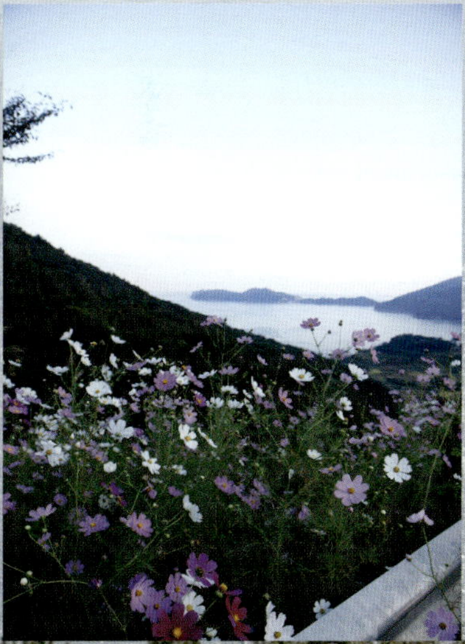

두발로 떠난 남도의 걷고 싶은 길

물 좋고 산 좋은 남도는 어느 길을 가나 푸른 산을 걸치거나 에머랄드빛 바다를 껴안고 있다. 사랑하는 연인을 기다리는 기분이 이러할까. 그 길 위에 서면 괜한 설렘에 기분이 절로 유쾌해진다. 바람을 가로지르며 달리는 로맨틱한 자동차 드라이브도 멋지고 자전거 투어도 낭만적이지만 남도에서는 두 발로 자박자박 걸으며 떠나는 도보여행이 제격이다. 그저 스쳐지나가는 길이 아닌 길속으로 떠나는 여행에는 길에 핀 코스모스들과도 친구가 된다.

01 담양 메타세쿼이아 가로수길

담양에서 순창까지 약 9km에 걸쳐 높이 20m에 이르는 메타쉐쿼이아 가로수가 터널을 이루며 늘어서 있다.

✉ 담양읍 석당간~금성면 석현교

02 구례 노고단 도로

국립공원 1호인 지리산 노고단까지 이어진 도로로 해발 1,100m에서 바라보는 지리산 운해가 장관을 이룬다.

✉ 광양시 옥곡면~구례군 산동면 지방도 861호선

03 영광 백수해안도로

19km에 이르는 해안도로를 따라 곱게 핀 해당화를 감상할 수 있으며 모자바위, 거북바위 등 기암괴석들이 산재해 있다.

✉ 영광군 백수읍 대전리~구수리 국도 77호선, 군도 14호선

가 볼 만한 아름다운
남도의 길

남도의 길 중에는 건설교통부에서 선정한 '한국의 아름다운 길 100선'에 이름을 올린 길들이 많다. 메타세쿼이아 가로수들이 길게 늘어진 길을 비롯해 노고단으로 통하는 산길, 섬진강변을 끼고 걷는 강변길 등 초록빛 자연이 한데 어우러진 멋들어진 길들이다. 확 트인 바다 전망이 인상적인 해안도로도 많다. 특히나 전남 진도 울돌목 위에 세워진 진도대교는 임진왜란 때 대 승리를 이룬 명량대첩이 벌어졌던 역사적인 의미까지 담겨져 있다. 다리 한 가운데 서면 마치 집어삼킬 듯 엄청난 굉음을 내며 파도치는 울돌목 바다의 외침 소리가 들린다. 그 너머로 이순신 장군의 호령 소리까지 들려오는 듯하다.

04 곡성 섬진강

섬진강 줄기를 따라 도로변에 식재된 철쭉꽃이 알록달록 꽃무릇을 이루고 있다. 철로 위를 달리는 증기 기관차가 한 폭의 그림 같은 풍경을 그려낸다. ☒ 곡성군 오곡면 오지리~압록리 국도 17호

05 진도 대교

1984년 국내 최초의 사장교로 건립된 후 2005년 제 2진도대교가 개통되어 국내 유일의 쌍둥이 사장교가 되었다. 낙조와 야경이 일품이다. ☒ 진도군 군내면 녹진과 해남군 문내면 학동 국도 18호선

06 진도 세방낙조 해안도로

세방낙조까지 이어진 해안 드라이브 코스로 다도해가 바라보이는 전망이 압권이다. 세방낙조 전망대에서 보이는 일몰 또한 장관을 이룬다. ☒ 진도군 지방도 803호선

남도의 숲길,

보성 대한다원 전나무 숲길

키 큰 전나무 숲길 사이로 조용히 입가에 미소만 띄운 채 말없이 걷는 두 사람. ‘또 다른 세상을 만날 땐 잠시 꺼두셔도 좋습니다’ 란 카피로 유명한 CF의 한 장면이다. CF가 촬영된 곳은 보성 대한다원 전나무 숲길. 하늘 높이 쭉쭉 뻗은 전나무들이 청량감을 더한다. 보드라운 흙을 밟으며 전나무 숲길을 찬찬히 걷노라면 세상 부러울 것이 하나 없다. 전나무 숲길을 걸을 땐 모든 세상 시름을 잠시 놓아두어도 좋겠다.

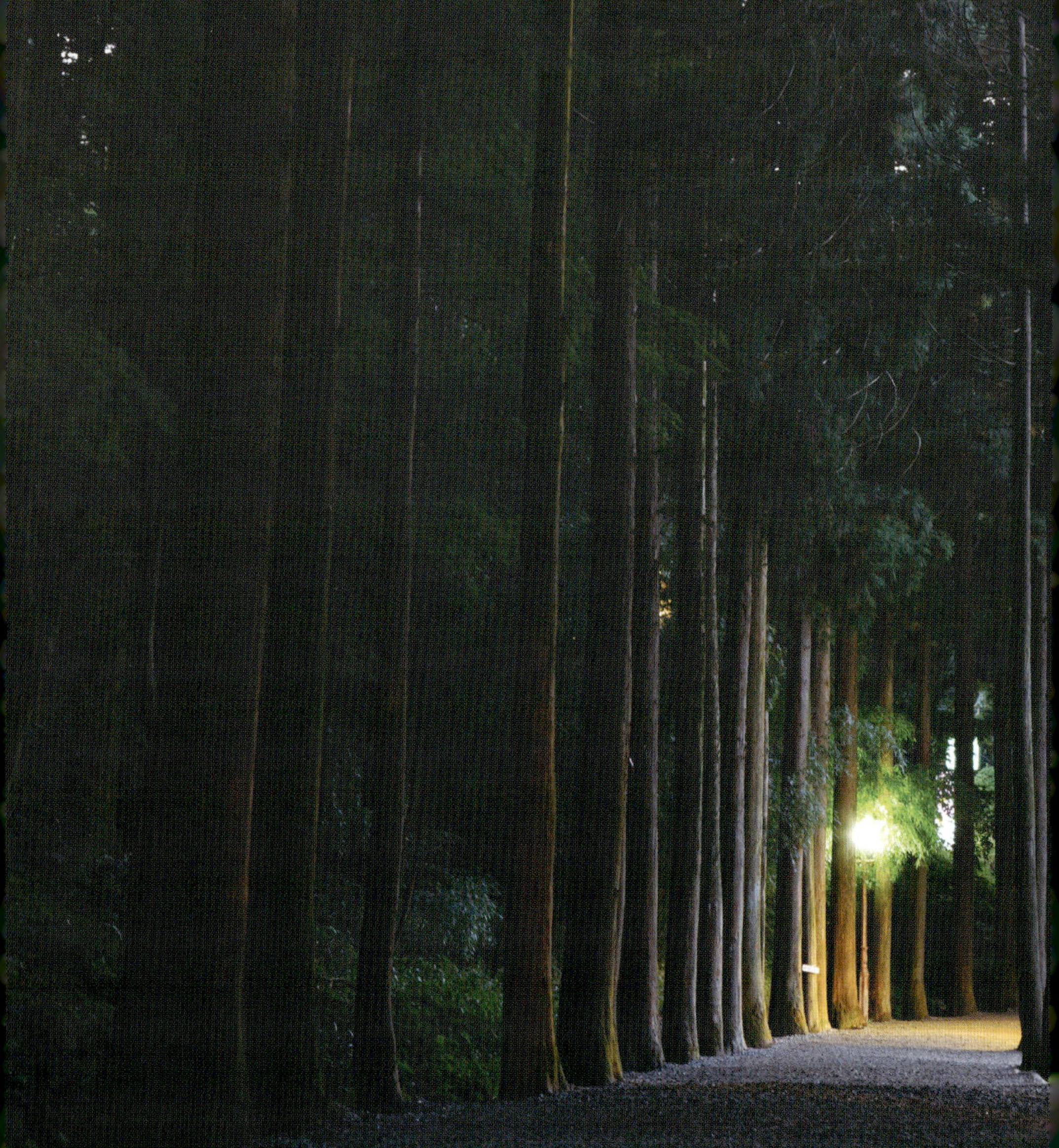

진도 신비의 바다

남해안의 해안 누리길로도 선정된 진도 신비의 바닷길. 고군면 회동리와 의신면 모도리 사이의 바닷길이 조수간만의 차로 인해 바다 속 바닥이 훤히 열리는 이름 그대로 '신비한 바닷길' 이다. 평소에는 엄두도 못 낼 일이지만 바닷길이 열릴 때에는 그 길을 따라 건너편 섬까지 닿을 수 있다. 바닷길이 닫혀 있을 때에는 해안 도로를 따라 드라이브를 즐긴다. 햇빛이 수면에 닿아 반짝반짝 빛나는 풍경이 오래도록 기억에 남는다.

목포 유달산 일주도로

항구 도시 목포가 한눈에 내려다보이는 유달산 일주도로를 따라 쉬며 가며 산책하듯 걷는 시간. 산 중턱에 조성된 유달산 조각공원에도 들러 자연과 조화를 이룬 조각들을 감상해보자. 해가 질 무렵엔 낙조대로 향해야 한다. 바다 너머로 곱게 노을 지는 풍경은 언제 보아도 눈물겨울 정도로 아름답다. 해가 완전히 지면 저녁 산책 코스로 노적봉을 택한다. 화려한 목포 시내 야경이 파노라마처럼 펼쳐진다.

06 남해안의 보물을 찾아서

남해안은 빛나는 절경만큼이나 수많은 보물들을 품고 있는 보물섬 같은 곳이다. 옛 선조들로부터 전해져온 귀중한 유물은 우리 역사를 고증하는 소중한 자산이자 우리 민족을 든든히 받쳐주고 있는 뿌리다. 남해안 일대에는 유네스코 지정 세계문화유산부터 국보급 보물을 소장한 크고 작은 사찰이 많다. 보물을 찾아 나선 남해안 사찰 탐험은 창원에서 사천까지 이어진다. 마침내 찾아낸 보물 상자 안에는 자신의 인생 항로에 필요한 커다란 깨달음이 들어 있다.

안정사

통영 안정리의 벽방산은 험하지 않은 산세를 가졌다. 동시에 남해안 일대의 한려수도와 거제도의 노자산이 한눈에 들어오는 산이다. 또한 이곳은 신라시대 무열왕 때 원효대사가 창건한 절이자, 해방 뒤 현대 한국 불교에 큰 족적을 남긴 성철 스님이 기거했던 곳으로 유명하다. 개보수를 지나치게 열심히 해서 세월의 흐름을 느끼지 못하는 절에 비해 색이 바래고, 시간의 더께가 쌓인 오래된 절이 선사하는 운치를 품어볼 수 있다.

대웅전에는 공민왕 때인 1358년 조성한 삼존불이, 나한전에는 석가모니불과 16나한상 등 23위의 불상이 봉안되어 있다. 그밖에도 '만력(萬曆) 8년' (1580)이라고 새겨진 범종과 약 10m 높이의 괘불을 비롯해 〈금강경〉, 〈삼돌경〉과 같은 목판 31매 등 다채로운 불교 유적이 남아있는 명승지다.

안정사에 속해있는 암자로 은봉암, 의상암, 가섭암이 있는데 그중 은봉암에는 재밌는 이야기가 전해온다. 은봉암은 선덕여왕 때 창건됐는데 옛날 이곳에 커다란 돌 3개가 서 있었다. 그 중 한 개가 넘어진 뒤 해월선사라는 도인이 나타났고, 또 한 개가 넘어진 후에는 종열선사라는 도인이 나타났다. 그 후 이 돌들을 성석(聖石)이라 불렀는데, 그 중 한 개만 지금까지 남아 새로 나타날 도인을 기다리고 있다고 한다.

봄철이면 벽방산 산등성이에 핀 진달래와 봄꽃들이 장관을 이룬다. 안정사에서 출발해 의상암과 의상대를 거쳐 정상에 올라 천개산과 은봉암을 거쳐 다시 안정사로 돌아오는 등산길이 좋다.

✉ 경남 통영시 광도면 안정리 1888 ☎ 055-649-7175

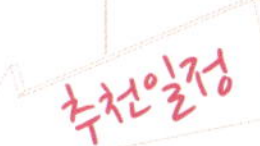

1시간 30분 합천 해인사
2시간 30분 남해 금산 보리암
1시간 사천 다솔사
1시간 30분 통영 벽방산 안정사
30분 창원 불곡사
1시간 양산 통도사
30분 밀양 표충사

1 예스러운 안정사
2 안정사 대웅전 3 안정사의 호젓한 계단길

보리암

예로부터 보리암(菩提庵)은 영험한 사찰로 유명하다. 서해 강화의 보문사, 동해 양양 낙산사의 홍련암과 함께 국내 3대 관음 기도 도량이다. 혹자는 낙산사와 보문사 대신 설악산 봉정암이나 팔공산 갓바위를 꼽기도 한다. 하지만 그 누구도 신비롭고 영험한 금산 보리암을 대체할 관음 성지를 들지는 못한다. 이곳에는 바다와 산이 경쟁하듯 빚어낸 별의 별 바위들이 가득하다.

금산을 올라 바다와 산을 동시에 볼 수 있는 전망대마다 남해의 짙푸른 바다 위 한려수도와 기암괴석들이 금산이 품은 수많은 바위와 더불어 그 멋과 기를 뽐낸다. 금산에서만 만나게 되는 아름다운 풍광만 모두 38경. 하나하나 찾기도 전에 새로 발견한 산의 멋에 푹 빠져들게 된다. 영험한 산계에 깃든 전설과 이야기도 성스러운 금산을 더욱 돋보이게 하는 요소다.

금산의 원래 이름은 보광산(普光山)이었다. 신라 신문왕 때 이 산에서 수도하던 원효대사가 희뿌연 광채를 뿜으며 나타난 관세음보살을 친견한 감동을 담아 이름을 지었다. 관세음을 뜻하는 보문(普門)에서 '보(普)' 자를 따오고 관세음의 빛에서 '광(光)' 자를 가져왔다나. 그런 보광산을 금산으로 개명한 것은 조선 태

신비로운 분위기의 보리암

조 이성계다. 이성계는 고려 후기 백두산과 지리산을 돌며 나라(조선)를 세우게 해달라며 산신에게 기도를 올렸다. 하지만 두 산은 그의 뜻을 받아 주지 않았고 마지막으로 찾았던 곳이 바로 보광산이었다. 이성계는 임금이 되게 해주면 산 전체를 비단으로 둘러주겠다고 약속하고 백일 기도를 했다. 결국 이성계는 조선을 건국해 왕이 됐다. 이성계는 그가 한 약속을 지킬 방도를 신하들과 함께 논의했고 그 끝에 나온 해결책이 산 이름을 비단 금(錦)자를 써서 금산으로 지어 영원히 빛나도록 하자는 것이었다. 금산의 정상에는 원효대사의 기도도량으로 유명한 보리암이 있고 보리암 동쪽 밑으로 200m쯤 떨어진 곳에 이성계가 기도했던 곳으로 알려진 조선 태조기단이 있다.

보리암에는 경남유형문화재 제74호인 삼층석탑이 특히 유명하다. 수로왕의 부인 허황후가 아유타국에서 가져온 파사석을 이용해 원효대사가 만들었다고 한다. 이 석탑이 이름난 까닭은 석탑 기단 위에 나침반을 놓으면 바늘이 미친 듯이 움직이는 자기난리(磁氣離) 현상 때문이다. 불자들은 석탑 속에 우주의 기가 흐르는 까닭이라고도 하고, 이곳에 부처님의 진신사리가 있어서라고도 주장하지만 어느 것 하나 과학적으로 증명되지는 않았다. 이런 불가사의한 기운까지 더해져 과학과 증명의 시대에도 사람들은 염원을 이루기 위해 금산 보리암을 찾고, 또 찾는 게 아닐까.

✉ 경남 남해군 상주면 상주리 2065 ₩ 입장료 1,000원 ☎ 055-862-6115

1 해인사로 오르는 문 **2** 운치있는 해인사 가는길

합천 해인사

가야산 깊은 산 속에는 세계가 인정한 세기의 보물이 봉안되어 있다. 산 중턱 넓게 자리해 있는 해인사에는 유네스코에서 지정한 세계문화유산인 장경판전과 세계기록유산인 팔만대장경이 보관되어 있다. 해인사 팔만대장경은 세계 최초이자 가장 오래된 목판본으로 800여 년 동안 수많은 전쟁과 화재 사고를 겪으면서도 큰 화를 입지 않고 원본 그대로 전해 내려온 우리 역사의 소중한 보물이다. 대장경을 모시고 있는 장경판전 또한 세계에서 가장 오래된 대장경 보관 시설로 선조들의 과학 기술을 엿볼 수 있는 또 다른 보물. 오랜 시간에도 불구하고 대장경이 온전히 보존될 수 있었던 설계가 감탄스럽다.

팔만대장경이 수장되어 있는 장경판전은 절 내에서도 가장 상층부에 건립되어 있다. 건물 통기구 틈으로 엿보이는 팔만대장경에서는 신비로운 기운마저 인다. 장경판전은 개방시간(08:00~17:00, 하절기 18:00까지) 내에 일반인 출입은 가능하지만 사진 촬영은 절대 금하고 있다. 위대한 문화유산을 후대에까지 물려줄 수 있도록 대장경에 위해가 가는 행동

은 하지 않도록 하자. 해인사에는 팔만대장경 외에
도 국보나 보물급 문화재도 많다.

성보박물관에는 국보 2점과 보물 3점을 포함해
1,000여 점의 문화재가 전시되어 있으며 일주문 앞
비석거리에도 보물로 지정된 길상탑과 원경왕사비
등 수많은 유물이 자리를 지키고 있다. 그중에서도
성철스님 사리를 모신 사리탑은 우리 가슴 속에 새
겨진 보물이다.

✉ 경상남도 합천군 가야면 치인리 10 ⌛ 09:00~17:00(하절기
18:00까지) ☎ 055-934-3105 🖱 www.haeinsa.or.kr

민족적 열망이 담긴 팔만대장경

대장경은 부처님의 모든 말씀을 집대성한 불교경전의 총서
이다. 해인사 대장경은 고려 헌종 때부터 약 240여 년간에
걸쳐 완성되었으며 판수가 8만1,350장에 달하는데다 8만
4,000 법문을 기록하고 있어 팔만대장경이라 불린다. 그 규
모와 내용, 형식면에서 세계 최고로 꼽히는 팔만대장경에
는 거란과 몽고가 침입하던 당시 부처님의 원력을 빌려 국
난을 극복하고자 했던 민족적 열망이 담겨 있다. 가로
68cm, 세로 24.5cm의 사각 목판으로 제작되었으며 경판
한 장당 무게는 약 3.2kg 정도다. 팔만대장경을 모두 책으
로 엮으면 대략 6,800권정도나 되는 어마어마한 책을 만들
수 있다고.

1 해인사 탑돌이 2 성보 박물관
3 팔만대장경이 봉안된 해인사 경내

다솔사

신라 지증왕 때(504년) 인도 승려 연기조사가 창건한 절, 자장율사 나옹화상 등 고승들이 주석하고, 서산대사와 사명대사가 승병기지로 삼은 성지. 만해 한용운을 비롯해 애국승려가 독립운동 단체인 만당을 이끌며 독립선언서 초안을 썼던 곳. 김동리가 〈등신불〉과 〈황토기〉를 집필한 절. 스님이 직접 재배한 야생차의 명가…. 봉명산 기슭의 단출한 절 다솔사(多率寺)에는 많은 역사와 이야기가 배어있다. 다솔사라는 절의 의미는 많이 거느린다는 뜻이다. 그래서 이 절에서 도모했던 역사 속의 수많은 성취가 이루어졌나보다.

다솔사는 역사성과 명성에 비해 아담한 규모를 가졌다. 1914년 대화재로 대양루만 남고 전소된 탓에 새것 냄새가 짙다. 하지만 잘만 찾아보면 작은 사찰 곳곳에서 여러 가지 즐거움을 발견할 수 있다. 산책로를 지나 다솔사에 이르면 오른쪽으로 '어금혈봉표(御禁穴封表)'라는 글이 음각된 바위가 있다. 임금의 명령으로 산에 묘를 쓰는 것을 금한다는 뜻. 고종황제 때 경상우도의 절 도사가 이곳이 왕이 나올 천하제일의 명당이라는 소리를 듣고 선친의 묘를 쓰려고하자 다솔사의 승려들이 임금께 상소해 얻은 비석이다.

다솔사로 이어지는 계단과 숲이 이뤄내는 풍경도 일품이다. 크고 작은 돌 108개를 깔아 만든 계단과 위풍당당한 대양루, 아름다운 산세를 지닌 봉명산이 어우러져 사색적이고도 고즈넉한 풍경이 된다. 경내로 들어서면 '적멸보궁(寂滅寶宮)'이라는 현판 건물이 눈에 띈다. 1979년 대웅전을 수리하던 중 부처님의 사리가 발견되었고 이 대웅전을 통도사의 적멸보궁을 본떠 만들었다. 여기서 나온 사리는 적멸보궁 뒤 사리탑에 모셔져 있다. 사리탑 뒤의 녹차밭은 신라시대 때부터 내려온 것으로 추정되는데 효당 최범술 스님에 의해 '반야로'라는 명차가 만들어진 곳이다.

✉ 경남 사천시 곤명면 봉명산 ☎ 055-853-0283

사천 다솔사

다솔사 앞 숲길

만해 한용운과 다솔사의 인연

t!p

일제 시대 다솔사는 불교계 항일 독립운동의 거점이었다. 1930년대 만해 한용운이 이곳에 은신하며 항일 비밀결사 '만당'을 조직했다. 만해의 제자가 당시 주지였던 효당 최범술. 효당은 문맹 퇴치를 위해 1934년 절 인근 마을에 광명학원이라는 야학을 세웠다. 그해 신춘문예로 등단한 문학청년 김동리가 야학 교사로 합류했다. 김동리는 몇 년 뒤 다솔사에서 만해에게 중국의 한 살인자가 속죄를 위해 제 몸을 불살라 공양했는데 사람들이 던진 금붙이로 금부처가 되었다는 '분신공양'에 대해 듣는다. 이 이야기는 20여년 뒤 그의 대표작 〈등신불〉로 만들어졌다. 야학 교사 김동리가 기거했던 곳은 적멸보궁 옆 요사채, 만해가 머문 곳이 맞은편 응진전이다.

1 통도사 경내 **2** 진신사리가 봉안된 금강계단
3 통도사 성보 박물관

부처님의 사리를 모신
통도사

통도사는 순천의 송광사와 함께 삼보사찰로 꼽히는 절로 신라 선덕여왕 시대 자장율사가 창건한 것으로 전해진다. 석가모니의 진신사리(眞身舍利)를 봉안하고 있어 불보(佛寶)사찰이라고도 한다. 진신사리는 곧 부처님을 의미한다. 통도사 대웅전에 불상이 없는 까닭은 부처님의 진신사리를 바로 옆 금강계단에 봉안했기 때문이다.

부처님 사리가 안치된 금강계단은 고려 시대에는 임금과 사신들뿐 아니라 몽고의 황실에서도 참배하는 등 무척 성스러운 장소로 지켜져 왔다. 조선시대에는 왜구들이 여러 차례 사리를 약탈하려 했지만 승려들이 목숨을 걸고 지켜온 덕분에 지금 우리도 귀한 보물을 볼 수 있는 것이다. 예나 지금이나 여전히 통도사에는 부처님의 사리를 참배하기 위한 사람들의 발걸음이 끊이지 않고 있다. 통도사에 가면 대웅전이 아닌 금강계단을 들러야 하는 이유가 여기에 있다. 역사서에서는 자장율사가 당나라에서 직접 부처님의 진신사리를 가져왔다고 전하고 있으며 예전 연못이었던 곳을 매워 금강계단을 세운 뒤 창건한 절이 바로 통도사이다.

금강계단 외에도 통도사에는 국보와 보물급 문화재들이 많이 있다. 고색창연한 멋을 풍기는 대웅전은 국보로 지정되어 있으며, 이 밖에 많은 사찰 건물과 탑, 석등 등이 문화재로 지정되어 있다. 통도사로 오르는 길에 만나게 되는 오래된 거목들과 계곡 풍경도 또 다른 보물이다.

✉ 경상남도 양산시 하북면 지산리 583 ₩어른 3,000원, 청소년 1,500원, 어린이 1,000원, 통도사 매표 시 성보박물관 입장 무료 / 주차 시 2,000~3,500원
⌛09:00~18:00 ☎055-382-7182 🖰www.tongdosa.or.kr

불교회화 전문 박물관
통도사 성보박물관

통도사 성보박물관은 박물관 규모부터 남다르다. 국내외를 통틀어 가장 많은 600여 점의 불화 자료들과 국보, 보물 21점, 지방유형문화재 46점을 포함해 약 3만여 점에 이르는 다채로운 불교문화재 유물들을 소장하고 있다.

그 중에서도 주로 불교회화를 중심으로 전시하는 불교회화 전문 박물관이다. 영산전 팔상태이나 극락보전아미타후불탱 같은 보물급 작품들을 감상할 수 있으며 이 밖에도 통도사은입사동제향로, 금동천무도와 같은 통도사 전래품들도 만날 수 있다. 박물관 입구와 이어진 중앙홀에는 높이 12m에 달하는 초대형 괘불이 전시되어 있는데 보는 이들마다 한 순간에 압도당할 만큼 강렬한 인상을 준다.

₩2,000원 ⌛09:00~18:00(11월~2월은 17:00까지, 문 닫기 전 30분까지 매표 마감) 매주 월요일, 설날, 추석 휴관
☎055-382-1011
🖰www.tongdosamuseum.or.kr

1 진경국사가 창건한 불곡사 **2** 불곡사 석조 비로자나불 좌상 **3** 불곡사 석종

땅 속 보물을 건져내다
창원 불곡사

창원 불곡사는 속세와 단절된 것처럼 보이는 깊은 산 속에 세워진 사찰들과 달리 세상 모든 근심 걱정이 지천에서 들려오는 분주한 도심 속에 자리해 있다. 대방동 아파트 맞은편 산자락에 작은 암자와 같은 아담한 규모로 지어진 불곡사는 창원 지역 최초의 보물급 문화재 불곡사 석조 비로자나불좌상을 모시고 있다. 여기에는 마치 보물 탐험 같은 흥미진진한 사연이 전해온다.

일제 강점기 시기였던 1940년, 불곡사 마당에 비로자나불좌상이 땅에 반쯤 묻혀 있던 것을 우담스님이 발견하여 조심스레 파낸 뒤 이곳 비로전에 모셨다. 이후 십 수 년이 지난 1966년 보물 제436호로 지정되어 창원 지역 최초의 보물급 문화재라는 귀한 몸이 되었다. 사실 보물 지정 이전에도 비로자나불좌상의 가치는 알 만한 사람들은 다 알고 있었으리라. 통일신라시대 만들어진 것으로 추측되는 비로자나불좌상은 소라모양의 나발로 된 머리카락과 달걀형 얼굴에 눈, 코, 입이 오목조목 새겨져 있는 전형적인 형태를 보여주고 있다. 불곡사의 일주문도 경상남도유형문화재 제 13호라는 결코 무시 못할 타이틀을 달고 있다. 불곡사는 고려시대 진경국사가 창건했다고 전해지는데 일주문은 원래 웅천향교(熊川鄕校)에 있던 것을 옮겨왔다고 알려져 있다. 조각이 화려하고 맞배지붕집으로 짜여진 일주문은 조선 말기에 세워진 것으로 추정된다.

✉ 경상남도 창원시 대방동 1036

표충사

표충사로 가는 길은 호락호락하지 않다. 깊은 산 도로를 따라 굽이굽이 들어간 재약산 자락에 사명대사와 인연이 깊은 표충사가 눈에 들어온다. 명산 위에 세워진 절 답게 경내는 충만한 기운으로 가득하다. 표충사는 1,300여 전 신라 시대때 원효성사가 창건한 절로 조선시대 사명대사가 왜군에 대항해 승병들을 훈련시키고 가르쳤던 성지로 알려져 있다.

절 내에 자리한 유물관에는 사명대사와 관련한 유품들이 보관되어 있으며 사명대사와 서산대사, 기허대사의 진영을 봉안한 표충사에서 매년 음력 3월과 9월에 제향을 올리고 있다. 일주문과 사천왕문을 오르는 계단은 아래에서 보면 문 밖으로 하늘만이 가득해 속세의 번뇌를 털고 해탈로 이르는 길과 같은 묘한 느낌을 갖게 한다. 사천왕문을 지나면 보이는 영정약수는 표충사의 숨겨진 보물이다.

신라시대 문둥병이 있던 흥덕왕의 셋째 왕자가 이곳 영정약수의 물을 마시고 병을 고쳤다고 전해진다. 전설이 사실이라면 가히 보물 중의 보물이라 할 수 있을 터이다. 전설 때문이 아니더라도 물맛이 좋아 지금도 영정약수에는 사시사철 사람들 발걸음이 줄을 잇고 있다

✉ 경상남도 밀양시 단장면 구천리 32 ₩ 500원, 주차 시 1일 소형 1,000원, 중형 2,000원, 대형 3,000원 ⌛ 09:00~17:00 ☎ 055-352-1150 🖰 www.pyochungsa.or.kr

사명대사 유품을 품은 표충사 유물관

표충사 경내에 들어서면 바로 왼편으로 사명대사의 유품들을 소장하고 있는 유물관이 눈에 띈다. 사명대사는 임진왜란이 발발하자 승병장으로 활약하며 의병들을 이끌었던 위인. 유물관에는 서산대사와 사명대사의 비명을 새긴 목판, 다라니경목판, 금강반야바라밀경과 같은 불경 등 사명대사와 관련된 수 많은 유물들이 보관되어 있으며 또한 선조 임금이 사명대사에게 하사했다는 동제 수저와 화엄형은도금잔, 금란가사와 장삼 등 많은 유품들이 남아 있다.

₩ 무료 관람 ⌛ 2월~11월 09:00~17:00, 12월~1월 09:00~16:30, 매주 화요일 휴관

1 대광전 **2** 표충사 **3** 표충사 약수 **4** 유물관

남해안 특산품 쇼핑

여행을 하는 또 다른 재미는 바로 쇼핑이 아니겠는가. 남해안을 여행하면서 그 지역을 대표하는 특산품 고르는 맛을 놓친다면 돌아오는 길에 뭔가 허전함을 느낄지도 모른다. 더구나 청정지역에서 나고 자란 온갖 농수산물을 산지라는 특혜를 받으며 보다 저렴하게 구입할 수 있는 절호의 기회가 아닌가. 양손은 무겁지만 만족감 가득한 남해안 특산품 쇼핑. 돌아가는 발걸음이 여행의 추억만큼이나 풍성한 먹을거리로 두 배는 더 행복해진다.

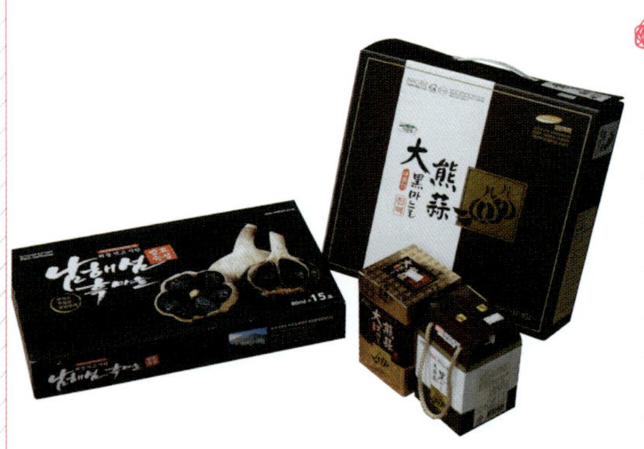

01 해풍이 키워낸, 남해 흑마늘

남해는 바닷바람이 키운 질 좋은 마늘로 이름이 높다. 남해산 통마늘을 엄선해 발효 숙성 시킨 다음 자연 건조하면 특유의 냄새는 없어지고 당도가 높은 흑마늘이 완성된다. 이 마늘은 하루 2~3번 1통씩 까서 먹으면 건강 간식으로 그 효과가 좋다. 흑마늘을 진액형태로 만들어 틈틈이 건강 음료로 마시기 좋은 제품도 있다. 남해 원예예술촌이나 보물섬 마늘나라의 기념품숍, 또는 도로변에 마련된 특산품 판매장에서 구입할 수 있다.

02 쫄깃함이 최고! 벌교 꼬막

벌교의 특산품은 뭐니 해도 꼬막이다. 고흥반도와 여수반도 사이에 형성된 여자만 갯벌은 꼬막이 살기에 최적인 환경 조건을 가진 곳. 이곳에서 꼬막 채로 갯벌을 훑으며 걷어 올린 꼬막들은 작업의 고단함을 보상해주듯 쫄깃하고 담백한 맛을 선사해준다. 게다가 단백질과 필수 아미노산이 풍부해 영양까지 듬뿍 얹어준다. 벌교 시장을 중심으로 꼬막을 파는 수산 가게들이 늘어서 있으며 곳곳에 꼬막 요리를 전문으로 하는 음식점들을 쉽게 찾을 수 있다.

03 청정해역에서 얻은, 신안 소금

신안군은 도처에 널린 섬 마다 염전을 가진 명실공히 대한민국 제일의 소금 생산지이다. 특히 증도 태평 염전은 단일 염전으로는 국내 최고의 규모를 자랑한다. 이곳 소금은 깨끗한 갯벌 바다에서 오직 태양과 바람만을 이용해 얻어진다. 덕분에 소금 안에 축적된 미네랄이 풍부하고 쓰지 않은 짠맛이라 어느 요리 에도 맛이 잘 어우러진다. 특히 몸에 좋은 함초를 섞은 함초 소금이나 토판염 소금 등은 맛과 품질이 월등 히 뛰어나 인기가 높다.

04 선조들의 지혜가 담긴 의령 망개떡

의령이 본산지인 망개떡은 망개나무로 불리는 청미래 덩굴 잎을 이 용해 만든 우리 고유의 떡이다. 멥쌀로 빚은 떡 안에 팥소를 가득 넣 고 한여름에 따다 손질해 놓은 청미래 덩굴 잎으로 감싸면 보기에도 좋고 먹기에도 좋은 망개떡이 만들어진다. 잎으로 떡을 감싸 놓은 데는 다 이유가 있다. 청미래 덩굴 잎은 항암작용과 수은과 같은 중 금속 오염을 없애주는 살균력이 뛰어나기 때문. 망개떡 안에는 옛 어른들의 지혜와 맛이 담겨 있다.

05 미역은 역시 기장! 기장 미역

출산을 한 산모들에게 가장 필요한 선물을 꼽으라면 단연 미역 이다. 그중에서도 기장 미역은 최고급 대접을 받는다. 그만큼 기장 미역은 전국 어디서나 그 품질과 맛을 알아주고 있다. 부 산 기장 특산품인 기장 미역은 조선 시대 임금님 수라상에도 오 를 정도로 여느 미역들보다 훨씬 부드럽고 쫄깃한 맛을 뽐낸다. 특히나 오래 끓여도 쉽게 흐물거리지 않아 국으로 하기 좋다. 기장 미역이 이처럼 특별한 건 기장 앞바다가 미역이 살기 좋은 수온과 먹이인 플랑크톤이 많기 때문이다. 대변항에 가면 기장 미역을 파는 건어물 가게들이 즐비하다.

01
낙안읍성
녹색여행
02
자전거로
남해안의
명소 탐방
03
축제를 통한
해양 레포츠
체험

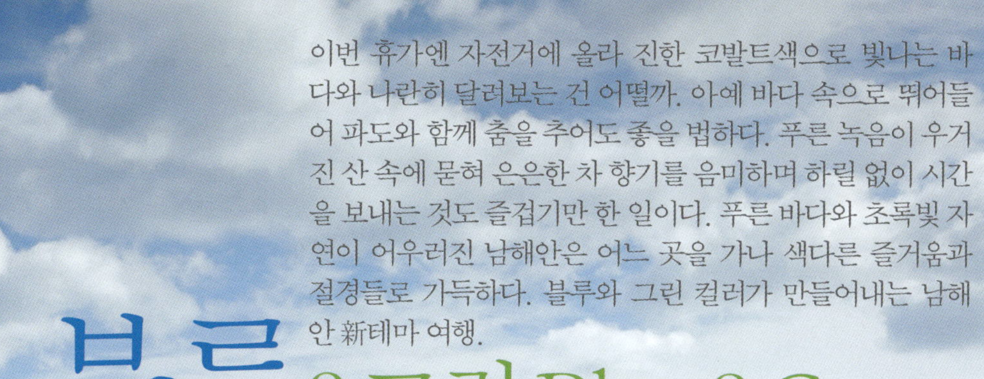

이번 휴가엔 자전거에 올라 진한 코발트색으로 빛나는 바다와 나란히 달려보는 건 어떨까. 아예 바다 속으로 뛰어들어 파도와 함께 춤을 추어도 좋을 법하다. 푸른 녹음이 우거진 산 속에 묻혀 은은한 차 향기를 음미하며 하릴 없이 시간을 보내는 것도 즐겁기만 한 일이다. 푸른 바다와 초록빛 자연이 어우러진 남해안은 어느 곳을 가나 색다른 즐거움과 절경들로 가득하다. 블루와 그린 컬러가 만들어내는 남해안 新테마 여행.

블루&그린 Blue&Green

01 낙안읍성 녹색 여행

오랜 세월 동안 옛 모습 그대로를 지켜나가고 있는 낙안읍성은 살아 있는 민속촌이다. 초가 지붕이 옹기종기 모인 정겨운 시골 풍경은 바쁜 일상을 살고 있는 현대인의 삶에 여유를 준다. 마을 주민들과 함께 전통문화를 체험하고 자연과 어우러진 성곽 길을 따라 걸어보자. 어느새 마음까지 초록빛으로 물든다. 산 속에 묻힌 사찰들을 탐방하는 것도 녹색여행을 즐기는 좋은 코스다.

1 송광사 **2** 절 내에서 템플스테이도 가능하다 **3** 그림같은 사찰 전경

산사에서 보내는 하룻밤
송광사

송광사는 창건 당시 길상사로 불렸으며 고려시대 보조국사인 지눌 스님에 의해 중창되었다. 이후 16국사를 배출한 수행 도량으로 삼보사찰 중 승보사찰로 명성이 높다. 현대에도 구산, 효봉, 취봉, 일각선사 등 많은 스님들이 수행하면서 한국 불교의 전통을 계승해 가고 있다. 승보사찰답게 선원과 경전 교육기관인 강원, 계율을 가르치는 율원을 모두 갖추고 있다. 송광사는 주말이면 일반인을 대상으로 한 템플스테이를 진행한다. 1박2일 동안 절 내 산사체험관에 머물면서 자신을 돌아보는 시간을 가질 수 있다. 스님들의 식사법인 발우공양을 배우고 찰나와 마주하는 참선 체험도 진행되며 스님과의 대화 시간도 마련된다. 고요한 산사에서 보내는 하룻밤 동안 마음의 평안과 휴식이 찾아든다. 도시 생활에서는 느낄 수 없는 색다른 감흥이다. 새벽 예불 체험 또한 종교적인 차원을 넘어 한국불교 문화를 이해하는 특별한 시간이 된다.

✉ 전라남도 순천시 송광면 신평리 12 ⏰ 09:00~18:00 ₩ 어른 2,500원, 청소년 및 어린이 1,500원/ 주차료 2,000~3,000원, 템플스테이 참가비 40,000원
☎ 061-755-0107~9 🖱 www.songgwangsa.org

가는법 206p

절 안에서 하룻밤 묵기 t!p

사찰은 스님들이 기거하며 수행하는 공간이기 때문에 절 내에서는 복장을 너무 화려하게 하거나 큰 소리로 떠들지 않도록 한다. 템플스테이에 참가한다면 기상과 취침, 공양 시간 등을 지켜 짜여진 일정에 맞춰 생활하도록 한다. 대부분 절이 새벽 3시부터 새벽예불을 시작해 밤 10시면 모든 불이 소등되며 잠자리에 든다. 식사 시간인 발우공양 때에는 자기가 먹을 만큼만 덜어 식사 후에 남는 음식이 없어야 한다. 또한 말을 한다거나 그릇 부딪치는 소리, 먹는 소리를 내지 않도록 한다. 발우공양은 스님들의 전통적인 식사법으로 수행의 일부이기도 하다.

갈대와 철새들의 고향
순천만 자연생태공원

세계적인 연안 습지인 순천만은 갈대밭과 갯벌이 광활하게 펼쳐진 자연의 보고이다. 특히나 겨울이면 천연 기념물인 흑두루미와 노랑부리저어새, 검은머리물떼새, 고니 같은 철새들이 수도 없이 날아든다. 순천만에서 관찰되는 조류만 220여 종이 넘는다. 갯벌에는 농게와 짱뚱어, 칠게들이 활보하고 다니며 칠면초와 같은 염생 식물들이 건강한 생태계를 이루고 있다. 순천만은 전국 최초로 람사르 협약에 등록된 연안습지이며 현재 세계자연유산 등록을 추진하고 있다. 가을 무렵 황금빛으로 변한 갈대숲과 새빨간 색으로 뒤덮인 칠면초 군락은 순천만이 자랑하는 장관 중 하나이다. 바람에 사그락사그락 소리를 내며 울어대는 갈대가 특별한 운치를 선사한다. 겨울철 눈 쌓인 갯벌 풍경도 일품이다. 순천만의 사계는 매년 수많은 사진작가들을 불러 모은다. 순천만 주변으로는 탐조대와 탐방로, 천문대 등을 갖춘 자연생태공원이 잘 조성되어 있다. 순천만 자연생태관에서는 이곳에 살고 있는 다양한 생물들을 만날 수 있으며 천문대에 오르면 밤하늘에 뜬 별자리들을 볼 수 있다. 순천만 갯벌을 따라 갈대 군락을 지나가는 생태체험선도 재미나며 갈대열차를 타고 둑길을 따라 달리는 기분도 상쾌하다. 갈대숲 탐방로를 지나 약 20분 정도 등반하면 용산 전망대에 오를 수 있다. 오르는 길이 험하지 않아 누구나 쉽게 다녀올 수 있다. 전망대에 서면 순천만의 특징인 S자형 수로가 한 눈에 바라다보이며 특히 일몰 시간 순천만 너머로 붉게 타들어가는 노을은 감동적이기까지 하다. 순천만을 제대로 즐기려면 용산 전망대는 반드시 올라야 할 필수 코스다. ✉ 전라남도 순천시 대대동 162-2(갈대밭길 15) ☎ 061-749-3006 🖑 www.suncheonbay.go.kr

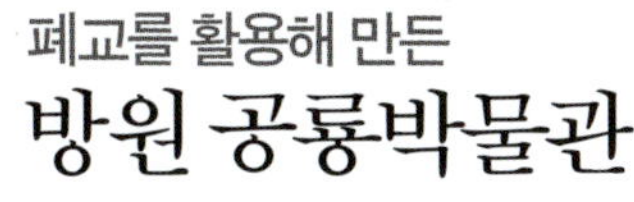

폐교를 활용해 만든
방원 공룡박물관

시골 분교 운동장에 공룡이 나타났다?! 폐교된 건물을 활용해 만든 방원 공룡박물관은 세련된 도시의 박물관과 비교해 다소 촌스럽게 느껴질 수도 있다. 하지만 아기자기하게 꾸며진 박물관은 정겨운 시골 인심 같은 소박한 멋을 품고 있다. 박물관에 들어서면 운동장 한 가운데 서 있는 커다란 공룡 모형이 가장 먼저 관람객들을 반긴다. 아이들에게 좋은 놀이동무다. 2층으로 된 아담한 건물 안에는 세계 각국에서 수집한 공룡 화석과 다양한 화석들이 전시되어 있다. 이전에는 교실이었던 곳이 지금은 공룡들의 서식처가 되어 방문객들의 호기심을 자아낸다. 전시물 가운데 암모나이트와 삼엽충, 별똥별 등 역사적 가치가 있는 화석들이 많다.

✉ 전라남도 순천시 별량면 대곡길 130 ⏱ 토, 일, 공휴일 10:00~17:00, 평일은 예약제로 운영한다. 매주 월요일 휴관
ⓦ 어른 3,000원, 청소년 2,500원, 어린이 2,000원
☎ 061-742-4590 🖱 www.dinomuseum.co.kr

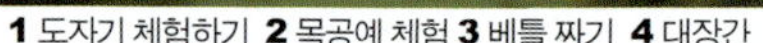

1 도자기 체험하기 **2** 목공예 체험 **3** 베틀 짜기 **4** 대장간

낙안읍성 민속마을

낙안읍성 민속마을은 전통 주거단지만을 재현해 놓은 여느 민속촌들과는 다르다. 실제 주민들이 기거하며 오랜 세월 마을의 역사를 이어온 사람 냄새 나는 곳이다. 과거 옛 고을의 모습이 그대로 남아 있는 낙안읍성에는 지금도 85세대 230여 명의 주민들이 마을을 지켜가고 있다. 이 마을은 특이하게도 넓은 평야 지대에 축조된 성곽 안에 형성되었다. 성 안에서 만나게 되는 옛 관아와 객사, 수많은 초가들이 마치 시간을 거슬러 올라온 듯하다. 낙안읍성은 처음에는 흙으로 쌓은 토성이었으나 인조 때 낙안군수로 부임한 충민공 임경업 장군이 지금과 같은 석성으로 개축했다고 전해오고 있다. 애초에 성곽을 따라 동서남북 4개의 문이 있었지만 옛 시절 호환이 잦았던 탓에 북문은 폐쇄되었다.

성 안쪽에 형성된 마을은 토속적인 민속경관과 향토문화들이 잘 보존되어 있다. 특히 동문쪽으로 들어서면 오른편으로는 동헌과 객사, 내아, 낙민루와 같은 공적 시설이, 왼편으로는 민가가 형성되어 있어 조선시대의 도시계획 정책을 엿볼 수 있다. 동헌 앞마당에는 고을 군수가 죄인을 심문하고 있는 모습을 실물 크기 모형으로 재현해 놓아 관람하는 재미를 더한다. 전통 방식으로 농기구를 만드는 대장장이, 삼베 실을 꼬는 할머니, 열심히 연습 중인 농악대 등 도시에서는 보기 힘든 풍경들이 이곳에는 일상처럼 펼쳐진다.

1 마을 앞 장승 **2** 서당체험 **3** 옛 관아 **4** 목공예 체험 공간

◀◀ Travel tip

낙안읍성이나 순천만은 10월 경 각각 남도음식문화축제, 갈대축제 등 큰 축제들이 열린다. 축제 시기에는 사람들로 붐비기 때문에 여유로운 관람을 즐기고 싶다면 이 시기는 피하는 게 좋다. 시간이 넉넉하다면 각 테마별 코스를 한데 묶은 숙박 코스로 다녀와도 좋다. 이왕이면 낙안읍성 민박 체험을 해보길 권한다. 먼저 송광사나 선암사, 정혜사를 둘러본 후 낙안읍성에서 하룻밤 숙박한다. 다음날 낙안읍성 체험 활동을 즐긴 후 오후에 순천만으로 발걸음을 돌린다. 석양이 지기 전에는 용산 전망대에 오르도록 한다. 순천만 주변에도 펜션 같은 숙박 시설이 여럿 운영되고 있다.

푸짐한 한 상 차림 순천 한정식

예로부터 '동 순천, 서 강진'이라고 했다. 오죽하면 낙안 읍성에서 해마다 음식 축제까지 열까. 순천의 수많은 먹을거리 가운데 으뜸을 꼽으라면 단연 한정식이다. 남도의 풍성한 자연과 후덕한 인심이 고스란히 담긴 순천의 한정식은 그야말로 한상 떡 벌어지게 차려 내온다. 차린 건 많은데 젓가락 닿은 곳이 별로 없어 몇 번 휘휘 젓다 내려놓는 그렇고 그런 한정식이 절대 아니란 말씀. 젓가락 갈 곳은 아직 많은데 이것저것 정신없이 집어 먹는 통에 배는 벌써 불러오고. 미식가들조차 난감하게 만드는 것이 순천 한정식이다.

남도 한정식답게 삭히거나 묵힌 발효음식들과 젓갈류들이 금세 눈에 띈다. 특히 짜지도 싱겁지도 않은 딱 좋을 만큼 짭조름한 진석화젓은 남도이기에 맛볼 수 있는 특권이나 다름없다. 꾸덕하게 말려 쪄내는 양태찜, 부드러운 주꾸미구이, 감칠맛 나는 고등어조림, 밥도둑 게장과 전어밤젓, 대갱이 무침 등 먹어도 먹어도 끝이 없는 요리의 향연이 펼쳐진다. 순천 시청 부근 대원식당이 유명하다. 장부터 밑반찬 하나까지 모두 직접 만들어 내놓는다. 1상 8만원(4인 기준) 061-744-3582

1 고즈넉한 분위기의 경내 **2** 선암사 **3** 문 앞에 돌탑이 쌓여 있다.

선암사

조계산 자락에 세워진 선암사는 우리나라 불교문화 연구에 있어 송광사와 쌍벽을 이루고 있는 사찰이다. 태고종에서 유일한 태고총림으로 송광사와 마찬가지로 강원과 선원, 율원을 모두 갖춘 수도 도량 역할을 하고 있다. 백제 성왕 시대에 창건된 천년고찰로 절 내 곳곳에서 오랜 역사의 향기가 배어나온다. 사방으로 가지를 뻗은 아름드리 나무와 고색창연한 건물들이 어우러져 마치 극락세계를 구현해 놓은 느낌마저 든다. 선암사 뒤편으로는 천여 년 간 자생해온 야생차 군락지가 있다. 순 자연산 야생차로는 이곳 선암사 차가 최고로 꼽힌다. 삼나무와 참나무가 우거진 음지 환경에서 자라난 선암사 야생차는 구수하고 깊은 내는 특징을 갖고 있다. 선암사 차는 음력으로 초파일을 전후해 차순 제일 끝 부분이 창처럼 날카롭게 나와 있는 '일창이기'의 찻잎만 골라 수확한다.

✉ 전라남도 순천시 승주읍 죽학리 802
⏱ 09:00~18:00　💲 어른 1,500원, 청소년 1,000원, 어린이 600원/ 주차료 2,000~3,000원
☎ 061-754-5247　🖱 www.seonamsa.net

정혜사

계족산 중턱에 자리해 있으며 1,300여 년 전 신라시기에 혜조국사가 창건했다고 알려졌다. 인근 지역에서는 고사(古寺)로 더 이름나 있다. 고려시대에는 대 사찰이었지만 임진왜란과 정유재란을 겪으면서 사찰 규모가 축소되었다. 정혜사 가는 길목으로 고로쇠물이 많이 나오며 가을철 단풍 정경이 아름답기로 유명하다.

단아한 멋을 지닌 대웅전은 보물 제804호로 지정된 문화재이다. 정면 3칸, 측면 2칸 규모의 팔작지붕 형태로 석가모니불을 본존불로 모시고 있다. 한국 전쟁 등으로 인해 국보급 괘불 등 다른 문화재들은 화재로 소실되었다. 경내에 들어서면 아늑하고 편안한 기운이 포근하게 감싸 안는다.

✉ 전라남도 순천시 서면 청소리 716

체험관 앞 솟대

숙박시설

다례체험

우리 다례를 배우는
순천 전통야생차체험관

선암사로 오르는 길목에 자리한 순천 전통야생차체험관은 우리 차 문화를 배우고 체험해보는 공간이다. 특히 순천에서 생산된 양질의 차를 맛볼 수 있다. 허균의 시문집에 '작설차는 순천산이 제일 좋고 다음이 변산이다' 는 내용이 적혀 있을 정도로 순천 차는 깊고 은은한 맛을 자랑한다.

한옥으로 지어진 체험관은 누구나 편하게 입장할 수 있다. 전시관에 들러 차의 역사와 종류 및 순천차에 관해 자세히 배워보고 사랑채에서 차 한 잔의 여유도 음미해보자. 다례체험을 통하면 전문 해설사분이 우리식 차 문화를 직접 시연해준다. 우리 다례는 형식적인 일본식 다도와 달리 사람들이 차를 편하게 즐길 수 있도록 하는 데 초점이 맞춰져 있다. 별채와 안채는 숙박시설로 이용되며 뒤편으로 선암사로 통하는 산책로가 나있다.

✉ 전라남도 순천시 승주읍 선암사길 466 ⏰ 09:00~18:00(입장은 17:00까지), 매주 월요일 휴관 ₩ 입장은 무료, 다례 체험 2,000원, 차 음식 만들기 5,000원, 차 만들기 5,000~10,000원. 한옥 숙박은 50,000원~150,000원. ☎ 061-749-4202 🖰 www.scwtea.com

02 자전거로 남해안의 명소 탐방

자전거는 탄소가 발생되지 않는 녹색 이동수단이다. 에너지도 절약하고 환경도 보호하는 자전거 여행은 이 같은 면에서 진정한 에코 생태 여행으로 꼽힌다. 남해안은 자전거를 타고 떠나기에 좋은 코스들이 많다. 시원한 바다 바람을 맞으며 한적한 해안길을 신나게 내달리는 기분은 경험해보지 못한 이들은 결코 알 수 없다. 차로는 갈 수 없는 좁은 길들까지 구석구석 둘러볼 수 있으니 걷기 여행 못지않은 자유로움은 기본 덕목이다.

정겨운 신흥마을의 모습 / 소록대교가 보이는 녹동항

해안가를 따라 유유자적
녹동항 - 신흥마을

녹동항부터 신흥마을까지 830번 해안도로를 따라 가는 코스. 포구를 품은 활기찬 마을을 벗어나면 왼편으로 연한 옥빛을 띤 바다가 하늘과 맞닿은 곳에 수평선을 그리며 유유히 흐른다. 잔잔한 파도에 실려 오는 바람에는 포근함이 실려 있다.

해안을 따라 굽이굽이 이어진 도로 오른편으로는 작은 조선소들과 무성한 풀숲이 펼쳐진다. 마을 어귀를 지나갈 때면 바닥에 곡식을 널고 계시는 할머니와 가겟집 앞에 모여 담소를 나누는 할아버지들과 마주치기도 한다. 이들 뒤로 민박집과 식당, 소박하게 꾸며진 가정집들이 어촌 마을 특유의 정겨운 풍경을 만들어낸다.

장예리를 지나면서는 수평선에 걸쳐진 작은 섬들이 하나 둘 보이기 시작한다. 어느새 도로는 작은 오솔길로 이어지고 원시림 같은 수풀림을 지나면 길 끝의 마지막 동네인 장계리 신흥마을로 들어선다. 바닷가 언덕 위에 옹기종기 모인 마을 모습이 주민들의 후한 인심처럼 푸근하게 느껴진다. 해안도로는 차가 자주 다니지는 않지만 때때로 1차선으로 좁아지는 구간이 나타나기 때문에 마주 오는 차를 조심해야 한다.

✉ 전라남도 순천시 송광명 신평리 12 ⌛09:00~18:00 ₩어른 2,500원, 청소년 및 어린이 1,500원/ 주차료 2,000~3,000원, 템플스테이 참가비 4만원
☎061-755-0107~9 🖱www.songgwangsa.org

녹동항은 고흥을 대표하는 항구 중 하나로 평소에는 사람도 적고 조용하지만 새벽녘마다 수산물 경매가 이뤄지면서 포구 일대가 시끌벅적해진다. 주변의 각 섬 지역들을 연결하는 교통 요충지로 인근 해역에서 잡히는 활어들과 김, 미역, 다시마, 멸치 등이 모두 이곳에 집결한다.

항구 주변에 식당과 숙박시설이 잘 갖춰져 있으며 거금도, 금당도, 득량도와 같은 인근 섬들과 제주도, 거문도까지 여객선이 출항한다. 녹동항과 마주보이는 곳에는 '한센인들의 섬' 인 소록도가 있다. 2009년 소록대교가 개통되면서 관광객들이 늘고 있다.

고흥군은 소록도와 거금도까지 다리가 연결되면 이곳을 새로운 자전거 코스로 개발할 계획이다.

✉ 전라남도 고흥군 도양읍

1,2 용동 해수욕장 가는길 **3** 고흥만 인공습지

끝없이 이어진 고흥만을 달리다
용동 해수욕장 - 인공습지

용동 해수욕장과 금호 해수욕장 간 해안도로를 거쳐 고흥만 방조제 길을 달리는 코스. 용동 해수욕장은 울창한 소나무 숲이 병풍처럼 두르고 있어 한결 아늑한 느낌이다. 해변을 끼고 달리다보면 금세 금호 해수욕장이 나타난다. 같은 듯 다른 듯 독특한 느낌을 가진 두 해수욕장을 지나면 바로 고흥만 방조제 길로 이어진다.

길게 쭉 뻗은 둑길을 한참 건너다보면 어느 쪽이 바다이고 호수인지 헷갈리기 일쑤다. 오른편이 고흥호이고 왼편이 바다이다. 그만큼 고흥만 간척지는 넓디넓은 면적을 자랑한다. 봄철이면 호수 주변으로 노란 유채꽃들이 흐드러지게 피어나 달리는 맛을 더한다. 방조제를 건너면 세 갈래 길이 나온다. 왼쪽으로는 풍류 해수욕장으로 이어지며 직진하면 두원면 쪽으로 빠진다. 이 길로 가면 벚나무들이 터널을 이룬 멋진 경관을 감상할 수 있다. 오른쪽으로 꺾으면 갈대밭 무성한 고흥만 인공습지와 나란히 달리게 된다. 가다가 힘들면 수변 공원에 마련된 쉼터에서 잠시 쉬었다 가도록 하자. 차도 잘 다니지 않는 한적한 도로를 마음껏 누비며 수변공원에 설치된 전망 데크에 올라 계절마다 날아드는 철새들을 감상해보자.

고흥만 방조제는 1991년부터 간척 공사를 시작해 2006년 말 완공됨으로써 광대한 면적의 간척지를 새로 얻게 되었다. 방조제 길이는 약 2.9km 정도. 바다를 가로지른 방조제로 담수호인 고흥호와 인공습지가 생겨났다. 습지 안에 갈대밭이 자라나면서 어느 샌가부터 철새들이 날아들기 시작해 지금은 고흥만의 명물이 되고 있다. 대부분 간척지가 농지로 개간되었으며 그 중 일부 면적에 경비행장과 항공센터가 건설되고 있다.

전라남도 고흥군 고흥읍 호동리, 도덕면 용동리, 두원면 풍류리

영남면 양사리 - 우암마을

영남 방면 77번 국도에서 남열 해돋이 해수욕장 방향 해안 도로를 달리며 우암 마을까지 고흥반도 동쪽 해안을 만끽하는 코스. 만처럼 깊게 들어온 바다가 출렁거리는 높은 해안절벽을 달리다 보면 짜릿한 스릴감마저 전해진다. 물이 빠진 바다에는 너른 갯벌이 펼쳐지기도 한다.

조금 가다보면 작은 쉼터와 전망대가 눈에 띈다. 코스 초입부에 위치해 있지만 잠시 숨도 고를 겸 한번 들렀다 가길 권한다. 전망대에서 바라보는 다도해 절경이 그냥 지나치기에 너무 아쉽다. 섬들로 겹겹이 둘러쳐져 있는 바다는 호수처럼 고요하고 보석처럼 빛난다. 이곳에서 사진 한 장 남겨도 좋을 법 하다. 다시 길 위에 서면 내려가는 길목으로 남열 마을이 한 눈에 잡힌다. 산자락 아래 포근히 안긴 마을에 들어서면 괜스레 마음이 푸근해지는 기분이다. 마을 바로 앞 해변가에서 앉아 잠시 상념에 빠져본다. 이곳에서 조금만 더 가면 남열 해돋이 해수욕장이다. 아예 그곳까지 이동한 후 휴식을 취하는 것도 좋다. 해수욕장에서 용암까지는 산길이 이어진다. 산길을 지나 다시 우암마을까지 해안 절벽을 신나게 달린다. 이 코스의 백미인 구간이다. 바다 건너편으로 여수의 섬들이 손에 잡힐 듯 가까이 보인다. 커브 구간이 많고 차도 좀 다니기 때문에 안전에 주의하도록 한다. 바람이 많이 부는 날은 피하는 것이 좋다.

1 일출 명소인 남열 해수욕장 2 전망대 3 바다가 내려다 보이는 남열 마을

여천 - 남면 - 장지 - 안도대교

금오도는 여수반도 끄트머리쯤에 자리한 꽤 큰 섬이다. 섬을 일주하는 도로는 없으며 함구미에서 남면까지, 이곳에서 두포와 장지 방면으로 각각 길이 나 있다. 여천항에서 남면 쪽으로 방향을 잡아 계속 한 길로만 따라가면 면 소재지를 지나 심포, 장지까지 헤매지 않고 갈 수 있다.

여천에서 조금만 나서면 흡사 롤러코스터 레일을 떠올리게 하는 경사가 급한 길이 나타난다. 내려가는 동안 짜릿한 속도감을 즐길 수 있지만 올라오는 길은 다리 힘 만으로는 부족하다. 이 길을 지나면 줄곧 왼편으로는 바다가, 오른편으로는 산 풍경이 이어진다. 산비탈을 깎아 만든 밭은 섬사람들의 고단함을 말해주는 듯하다. 간간이 도로변으로 멸치며 호박 등을 널고 있는 섬 주민들도 보인다.

면소재지에 다다르면 예쁘게 꾸민 교회와 학교, 선착장 주변에 늘어선 음식점이며 가게들이 섬의 활기를 더해준다. 이곳까지 에너지가 꽤 소비된다. 출출한 배도 채우고 마을 구경도 하면서 쉬었다 가자. 남은 길은 쉬엄쉬엄 가도록 한다. 섬 끝 마을인 장지에 닿으면 안도 섬으로 통하는 안도대교가 이어져 있다.

섬 끝에선 그곳, 함구미 마을

여천에서 남면과 반대쪽으로 방향을 잡으면 길이 끝나는 지점에 함구미 마을을 만나게 된다. 한적하고 조용한 게 마치 세상 끝에 선 평화로움 가득한 마을 같다. 바닷가 언덕 위 좁은 골목을 따라 옹기종기 모인 집들도 앙증맞다. 함구미항은 평소에는 사람 인기척조차 별로 느껴지지 않지만 하루 세 차례씩 카훼리가 들어오면 금세 활기를 되찾는다.

1 길가에 멸치를 널고 있는 섬 주민 2 시원스런 내리막길

1 직포해수욕장 2 섬들이 점점이 뜬 풍경 3 섬을 오가는 훼리선

섬마을 작은 해수욕장
남면 - 직포 해수욕장

남면 사무소에서 다른 갈래 길로 이어져 직포 해수욕장까지 다녀오는 코스다. 해안이 아닌 섬 안쪽을 통과해가기 때문에 내내 숲 속 풍경이 이어진다. 금오도는 나무들이 크고 울창한데다 사람 손길이 많이 닿지 않아 자연 그대로 자라난 숲 풍경을 감상할 수 있다. 직포 해수욕장까지 가는 동안 삼림욕을 즐기는 기분으로 달려가 보자.

직포 해수욕장은 금오도의 유일한 해수욕장이다. 작은 섬 마을 앞에 펼쳐진 해수욕장은 아담하기 그지없다. 자전거를 타지 않아도 금세 한 바퀴 둘러볼 수 있다. 크고 작은 몽돌이 깔린 해변가를 걸으며 사색에 잠겨도 보자. 찰랑거리는 물소리와 잘그락대는 자갈 소리가 조용한 섬 마을을 깨운다. 해수욕장 주변에 깔끔하게 단장된 민박집도 있다.

금오도와 안도

돌산도에서 배로 30분 여분 떨어져 있는 곳에 위치한 금오도는 섬이 자라를 닮았다고 붙여진 이름이다. 다도해 해상국립공원으로 지정되어 있으며 대부산, 옥녀봉을 오르는 등산로가 구비되어 있다. 섬 주변으로 크고 작은 기암괴석들이 흩어져 있어 경관이 무척 수려하다. 낚시광들에게는 감성돔이 많이 잡히는 곳으로 유명하다.
안도는 금오도와 다리로 연결되어 있다. 백금포 마을 해안에 조성된 안도 해수욕장이 가 볼만 하다.

03 축제를 통한 해양레포츠 체험

부산의 여덟개 지역을 비롯해 서낙동강에서 송정 해수욕장까지. 세계 유수의 항구와 비교해도 뒤지지 않는 아름다운 부산항과 선진적인 해양 레포츠의 즐거움을 축제를 통해 관광객이 직접 체험해 볼 수 있다. 대한민국 최고의 여름 축제인 부산 바다 축제의 주요 행사를 즐기며 신나는 해양 스포츠를 만끽해보자.

축제의 바다 속으로

부산바다축제

피서철이면 외국인으로 가득한 해운대해수욕장

해운대해수욕장

2010년으로 15회를 맞는 부산바다축제가 8월 1일부터 9일까지 성대하게 열렸다. 대표적인 여름바다축제로 자리매김한 부산바다축제는 해운대, 광안리, 송도, 다대포, 송정해수욕장 등 부산의 대표적인 해수욕장에서 다채로운 행사와 함께 진행되며 참가자들의 뜨거운 호응을 얻었다.

인기가수들의 무대와 불꽃쇼가 펼쳐진 개막행사를 비롯해 축제 기간 내내 뮤지컬, 7080, 국악, 재즈, 클래식 등 다양한 장르의 공연예술 프로그램이 진행되며 여행자들에게 잠들지 못하는 부산의 아름다운 여름밤을 선사했다. 또한 부산바다축제에서는 국제적인 행사도 즐길 수 있다. 부산 국제 힙합 페스티벌, 부산 국제 매직 페스티벌, 부산 국제 록 페스티벌 등이 바로 그것. 바다를 즐기고 느낄 수 있는 체험거리도 다양하다. 해운대해수욕장에서 펼쳐진 이색체험 이벤트 아이스파크에는 얼음미로, 얼음침대, 얼음식탁 등과 함께 전문조각가들의 퍼포먼스도 선보이며 관광객에게 색다른 체험의 기회가 되었다.

1 신나는 요트체험도 부산에서 즐길 수 있는 해양스포츠다. **2** 부산에서 열리는 요트경기 **3** 부산항에 정박한 요트

축제 온 김에 마음껏 즐긴다~!
해양 스포츠 체험

부산바다축제 기간에는 부산 바다에서 시민과 관광객들이 직접 해양스포츠를 즐길 수 있는 '해양스포츠 체험' 도 개최된다. 주요 체험으로는 해운대 요트 경기장에서 크루즈 요트 체험과 송도해수욕장의 모터보트, 바나나보트 체험이 대표적이다. 체험 행사 외에도 광안리, 송정, 다대포 요트 경기장 등에서는 요트 경기 대회, 카이트 보딩 대회, 윈드서핑 대회, 조정 대회, 비치발리볼 대회, 카누 래프팅 대회, 수영 대회도 열리며 체험의 폭도 넓혔다.

해양스포츠 체험 ☎ 051-888-3395 www.seafestival.co.krtip
●체험 방법은 13개의 부산 라디오 방송에서 청취자 참여코너
(사연,퀴즈쇼 등)을 통해 체험 쿠폰이 사전에 제공되는 방식

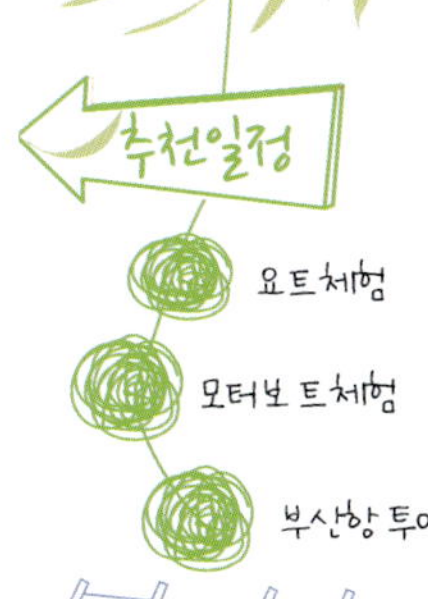

04 해양 스포츠 아카데미 ^{부산}

대한민국을 대표하는 해양 도시 부산의 아름다운 해안 절경과 역동적인 부산의 여름 바다를 누리는 방법은 해양 스포츠 아카데미에서부터 시작된다. 요트 학교, 상설 해양 스포츠 프로그램 등으로 단순히 지켜보는 해양 스포츠가 아닌 직접 체험하고 도전해 보며 더 큰 즐거움을 찾을 수 있다. 게다가 부산은 겨울철에도 크게 춥지 않아 사계절 바다와 강에서 해양스포츠를 만끽할 수 있다.

부산에서 마스터하는 재미난 바다 놀이!

해양 스포츠 아카데미

해양 스포츠는 따뜻한 남국에서만 배울 수 있다고 생각했다면 이제부터는 그 편견을 바로잡자. 따뜻한 남쪽 나라 부산에서도 어렵게만 생각했던 해양 스포츠를 배워볼 수 있으니 말이다. 부산시는 사계절 해양레포츠를 즐기면서 배울 수 있는 해양스포츠 아카데미를 주요 해수욕장과 낙동강 등에서 운영한다. 이 아카데미에서는 누구나 크루즈와 딩기 요트, 조정, 카누, 윈드서핑, 카약, 래프팅, 바나나보트, 파도타기 등 11개 종목의 해양 스포츠를 배우고 즐길 수 있다. 아래 표를 참고해 더 신나고 흥미진진한 바다 놀이를 만끽해보자.

주관	종목	장소	문의
부산 조정 협회	조정, 래프팅, 생태탐험	서낙동강	051-973-2017
부산 카누 연맹	카누, 래프팅	서낙동강	051-941-1556
부산 요트 협회	요트, 래프팅, 바다카약	낙동강(을숙도)	051-747-1768
부산 요트 협회	요트, 래프팅, 바다카약	다대포	051-747-1768
부산 요트 협회	요트	영도	051-747-1768
부산 카이트보딩 협회	카이트서핑, 바다 카약, 래프팅	다대포 해수욕장	051-207-3700
부산 윈드서핑 협회	윈드서핑, 딩기 요트, 바다 카약	송도 해수욕장	051-747-6175
부산 윈드서핑 협회	윈드서핑, 서핑	송도 해수욕장	051-747-6175
해양 스포츠회	래프팅, 바나나보트, 모터보트	광안리 해수욕장	051-746-3023
부산 요트 협회	딩기 요트, 크루저, 래프팅	수영만 요트 경기장	051-747-1768

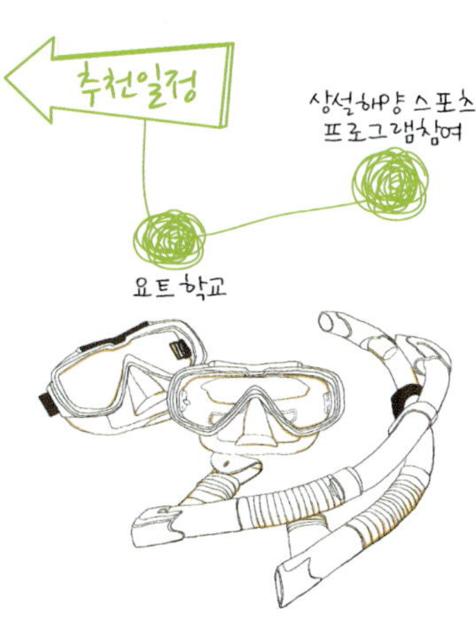

05 남해안의 전설따라 바다 여행

어릴 적 할머니의 이야기는 그 어떤 동화책보다 우리들의 상상력을 자극했다. 전설 속에 길이길이 남는 이야기를 통해 우리는 좋은 형과 누나, 훌륭한 부모, 지조 있는 아내와 남편, 절개 있고 강직한 시민이 되기를 다짐한다. 얼핏 보기에는 사소해 보이는 '그 길', '그집', '그섬'도 전설이 깃들어있다면 보다 특별한 장소로 변모하게 된다. 전설을 따라 가는 남해안 여행, 이보다 재미난 테마가 또 있을까?

다랭이마을에는 성기 모양의 바위가 있다 없다?!
가천 암수바위

남해의 시원한 바다 풍경과 어우러진 아름다운 농촌, 다랭이마을에는 계단식 논 이외에도 재밌는 전설이 어린 명물 바위가 있다. 산책로를 따라 안쪽으로 들어가 보면 남자와 여자를 상징하는 요상한 모양의 커다란 돌덩이가 눈길을 끈다. 암수바위는 미륵불(彌勒祭)로도 불리는데 오른쪽에 서 있는 남근 모양의 바위가 수미륵, 왼쪽에 임산부의 형상을 하고 누워있는 바위가 암미륵이다. 옛날 옛적부터 아이 낳기를 바라거나, 아들을 원하는 여자들이 절에 가 미륵불에 건강한 아이를 낳게 해 달라고 빌었다. 원래 가천에 있는 바위는 단순히 그 모양 때문에 암수바위라 불렸지만 너도나도 바위 앞에서 옥동자를 기원하다보니 이 바위마저도 미륵바위가 된 것이다.
구불구불 골목길을 따라 조금 더 올라가면 집들 사이로 소박한 돌탑을 볼 수 있는데 이것은 마을의 액운을 막아준다는 밥 무덤(洞祭)이다. 제삿밥을 얻어먹지 못하는 혼령에게 밥을 주어 풍작을 기원하고 마을의 안녕과 번영을 기원하며 매년 음력 10월 15일 밤 9~10시경에 동제를 지낸다.

✉ 경남 남해군 가천 다랭이 마을 (군내 버스를 이용할 경우 남해읍에서 12차례 다랭이 마을행 버스를 탄다. 종점인 다랭이 마을까지 오는 데는 40분~1시간가량이 걸린다) ☎ 010-4590-4642

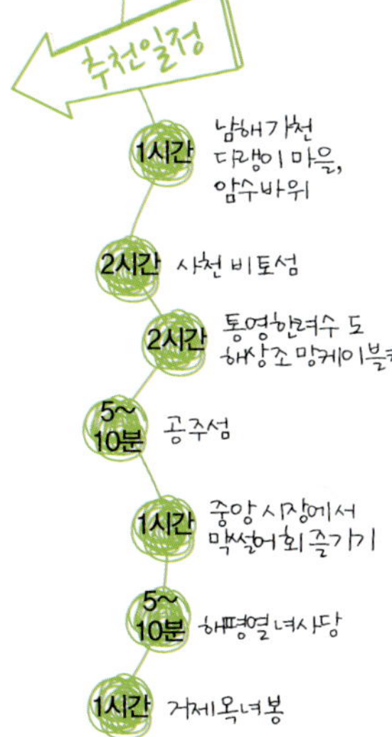

다랭이마을에서 체험 관광 즐기세요!   t!p

달랑 암수바위나 밥무덤을 구경하러 다랭이 마을까지 가기에는 시간이 아깝다면 다양한 농촌 체험 프로그램에 참여하며 더욱 즐거운 여행을 만끽해 볼 것. 특히 5월 중순부터 6월 중순까지는 논에 물이 들어오는 기간으로 가장 아름다운 모습의 다랭이 논을 볼 수 있다. 다랭이 논 물길이 절정을 이루는 6월 12일, 13일에는 다랭이 논 축제도 열린다. 010-4590-4642

비토섬

사천 역시 한려해상 관광권의 중심도시다. 삼천포를 비롯해 실안 노을길 등 다양한 관광자원으로 유명한 이곳에 흥미로운 설화로 눈길을 끄는 곳이 있다. 바로 토끼와 거북이 이야기 〈별주부전〉의 중심지인 비토섬이 그곳. 사천대교를 건너 서포면사무소에서 좌회전해 이정표를 따라가면 닿는다. 비토섬 동쪽으로 월등도, 토끼섬, 거북섬, 목섬 등은 소설 속에도 등장할 뿐 아니라 소설에서 설명하는 형태도 비슷하다. 아주 먼 옛날 서포면 비토리에는 영리한 토끼부부가 살았다. 그런데 어느날 남해 용왕의 사자인 거북이(별주부)가 토끼 부부를 찾아왔다. 별주부의 감언이설에 속은 토끼는 용궁으로 따라갔다 간을 빼앗겨 죽을 위기에 처했다. 꾀가 많은 토끼는 간을 집에 두고 왔다며 거짓말을 하며 기지를 발휘해 거북의 등을 타고 돌아올 수 있었다. 그런데 육지로 돌아오던 토끼는 월등도 부근에 이르러 바다에 비친 섬을 보고 뛰어내려 물에 빠져 죽어 토끼섬이 되었다. 토끼를 놓친 거북이도 용궁으로 돌아가지 못하고 섬이 되었으니 그게 바로 거북섬이다.

남편을 용궁으로 떠나보낸 아내 토끼는 바다를 바라보면서 목이 빠지게 남편이 오기를 기다리다 바위 끝에서 떨어져 죽어 목섬이 된다. 비토의 지명 유래 또한 토끼가 날아가는 형태를 뜻하는 비토(飛兎)다. 현재는 사천 8경으로 꼽히는 비토섬 갯벌 이외에 별주부전을 테마로 여행하기에는 그리 많은 관광 스폿이 있는 게 아니지만 2013년이 되면 별주부전 테마관광지가 들어설 전망이다.

✉ 경남 사천시 서포면 비토리
☎ 삼천포대교 관광안내소 055-835-1023

1 비토마을 입구 갯벌로 **2** 갯벌로 유명한 비토섬

용이 잃어버린 여의주
공주섬

옛 사람들은 통영시의 해안을 일컬어 바다에서 게가 집게로 여의주를 가지고 노는 모습 같다고 했다. 통영의 앞바다 가운데 한 점으로 두둥실 떠있는 아주 작은 섬은 여의주 섬이라 하여 공주섬(拱珠島)이라 불린다. 배와 함께 섞여있으면 찾기도 어려운 이 작은 섬에도 신비한 이야기가 있다.
옛날 어느 이른 아침, 한 여인이 개천에서 빨래를 하고 있었다. 그런데 바다 넘어 안개 속으로 작은 섬 하나가 떠내려 오는 게 희미하게 보였다. 놀란 그녀는 빨래방망이를 손에 든 채 섬을 가리키며 "옴마야, 저 저게 섬이 하나 떠밀려 온다"라고 소리를 지르자 놀랍게 그 섬이 멈추어 섰다고 한다. 그후 마을 어른들은 공주섬이 해안 가까이에 더 가깝게 멈췄다면 통영이 더욱 부자 마을이 됐을 거라며 아쉬워했다나.

남편을 향한 용감한 사랑
해평 열녀 사당

통영 용화산 아래 해평마을에 한 부부가 살았다. 부인이 이 마을에 시집온지 몇 달이 지나지도 않았는데 남편은 고기를 잡으러 바다에 나갔다가 풍랑에 휩쓸려 죽고 말았다. 부인은 남편의 시신을 찾기 위해 바다로 나갔지만, 망망대해에서 시신을 찾을 수 없었다. 부인은 바다 속으로 몸을 던졌고 3일 뒤 남편의 시신을 꼭 껴안고 죽은 채로 육지에서 발견됐다. 이를 안타깝게 여긴 마을 사람들이 부부의 시신을 거두어 함께 묻어 주었다. 그런데 얼마 후 마을의 벌레들이 '열녀'라는 글자 모양으로 갉아먹은 나뭇잎이 발견됐고 이런 기이한 일은 온산으로 번졌다. 어느 날 아침, 통제사가 세수를 하는데 대야에 버드나무 잎이 연이어 떨어졌다. 그런데 자세히 살펴보니 잎에는 모두 열녀라는 글씨가 새겨져 있었다. 해평 열녀의 이야기를 알게 된 통제사는 해평 마을 바닷가에 열녀비와 사당을 세워 부부의 원혼을 달래는 동시에 사회의 귀감이 되도록 했다. 지금도 매년 음력 3월3일(삼진날)과 9월9일(중앙절)에는 향사를 지낸다. ✉ 경남 통영시 봉평동

산행으로 제격!
거제 옥녀봉

거제에도 여러 가지 전설이 남아있는 옥녀봉이 있다. 먼 옛날 옥황상제의 딸인 옥녀가 죄를 지어 인간으로 환생해 세상에 내려왔다. 현세의 아버지가 딸인 옥녀에게 나쁜 마음을 품고 달려들자 하늘에서 벼락이 떨어져 아버지는 죽고 옥녀는 하늘로 올라가 옥녀봉이라는 이름이 붙었다. 이곳을 찾아가려면 보통 4~5시간의 산행을 해야 한다. 주로 옥녀봉과 국사봉을 동시에 오르는 코스가 사랑받는데 대우조선 정문 앞 14번 국도상의 '아주당등산길' 이정표에서 출발해 옥녀봉→512m봉(옥녀봉 삼거리)→420m봉(전망대)→명재쉼터(명치)→국사봉→큰골재를 거쳐 광우아파트 방향으로 내려온다. 중간 하산로에서 내려와도 된다. 정상 표지석에 서면 북쪽에서부터 시계 방향으로 계룡산과 국사봉, 옥포만, 지새포항, 외도, 해금강, 노자산이 그림처럼 펼쳐진다.

✉ 아주당등산길은 14번 국도상, 이주동의 대우조선 정문 맞은편에 위치한다.
1번 시내버스를 타고 아주동에 하차하면 된다. 요금은 1,000원

06 절경과 함께 하는 남해안

하얀 구름, 푸른 하늘, 파란 바다, 초록의 섬은 청아한 수채화와 꼭 닮았다. 신비로운 비경을 품고 있는 습지공원도 우리에게 이토록 맑고 깨끗한 자연이 있음을 감사하게 만든다. 남해안의 바다와 바람과 햇살이 만든 절경, 그 안에 있으면 나도 함께 그림 속 풍경이 된다.

주남 저수지

낙동강 줄기로부터 형성된 주남 저수지는 해마다 3만 마리 이상의 가창오리와 천연기념물인 노랑부리저어새, 흰꼬리수리, 재두루미들이 날아드는 철새들의 파라다이스이다. 동남내륙 지역의 최대 철새 도래지로서 매년 320여 종이 넘는 다양한 철새들이 이곳에서 겨울을 보내며 떠났다 다시 찾아오기를 반복하고 있다.

주남 저수지는 매년 방문객들이 20만 명에 이를 만큼 유명세를 타고 있는 곳이지만 주변 환경은 매우 소박하고 전원적이다. 갈대수풀이 우거진 저수지 둑방길을 따라 매무새를 단정히 한 탐방로가 철새들의 세계로 친절히 안내한다. 시골 정취가 물씬 풍기는 둑방길 너머로 확 트인 저수지 경관이 시야에 들어오며 까만 콩처럼 작은 철새들이 한 무리 모여 있는 게 보인다.

철새들을 제대로 관찰하려면 탐조대까지 간 후 고배율의 망원경을 이용해야 한다. 때때로 새들이 무리지어 날아오르기도 하는데 이 순간을 놓치면 다시 보기 힘들다. 철새가 떠나가 버린 봄철에는 새 생명이 움트는 초목들의 연둣빛 향연이 눈을 즐겁게 해주며 여름에는 연꽃단지에서 피워내는 연꽃이, 가을에는 물억새풀과 무성한 갈대가 여행객들을 끌어 모은다.

주남저수지 Must Do

주남 저수지에는 효과적인 관람을 위한 여러 개의 생태학습시설들이 마련되어 있다. 탐방 코스나 동선에 맞게 적절한 시설들을 이용하면 된다. 모든 시설은 무료이다.

람사르 문화관 ▶ 창원에서 열린 제 10회 람사르 총회를 기념하여 세운 시설로 세계 각국의 습지생태계를 보존하고 람사르 글로벌 실천 의식을 널리 알리기 위한 홍보관 역할을 하고 있다. 1층에는 습지문화실이 2층에는 습지체험실과 에코 전망대가 설치되어 있다. 동읍 월잠리 303-7

생태학습관 ▶ 주남탐험실과 습지학습실을 통해 주남저수지를 자세히 살펴볼 수 있다. 탐방로를 따라 주남저수지를 둘러볼 수 있는 자전거도 무료로 빌려준다. 동읍 월잠리 306-16

탐조대 ▶ 연꽃단지 근처에 전망대를 갖춘 탐조대가 설치되어 있다. 이곳 망원경을 이용해 저수지에 작은 점처럼 모인 철새들을 눈앞에서 보는 것처럼 관찰할 수 있다.

1 망원경으로 철새들을 조망한다. 2 주남저수지를 배워보는 생태학습관 3 람사르 총회를 기념하기위해 세운 람사르 문화관

1 연화사 입구 **2** 연화도의 소박한 풍경

눈이 부시도록 아름다운 용머리바위
통영 연화도

1496년 조선시대 연산군의 박해를 피해려고 이 섬으로 들어왔던 연화도사가 토굴에서 득도하여 열반하자 섬 주민들이 도사의 유언대로 바다에 수장했다. 그리고 나서 이곳에서 한 송이 큰 연꽃이 피어난 데서 연화도의 이름이 유래됐다고 한다. 동쪽에서 봤을 때 4개의 바위가 용머리 형상의 절경을 이룬다하여 네바위라는 별칭도 가지고 있다.

소박하게 꾸민 연화사를 빠져 나와 오르막길을 10분쯤 걸으면 삼층석탑이 서있다. 이곳은 연화도에서 가장 아름다운 네바위와 동머리가 가장 잘 보이는 명소다. 뾰족하게 솟은 네 개의 바위섬은 망망대해를 헤엄쳐 나가는 용의 모습을 떠오르게 한다. 섬의 정상 쪽으로 올라 발아래 보이는 보덕암과 5층 석탑쪽으로 내려가 5분 정도 걸으면 사명대사 토굴터가 나온다. 또다시 5분 쯤 내려가 오른쪽 시멘트 길로는 보덕암으로 가는 길이다. 보덕암에서 바라보는 용머리 바위는 연화사 최고의 절경이다. 양양 낙산사의 홍련암, 여수 향일암, 남해 금산 보리암 등에 뒤지지 않는 빼어난 조망이다.

동머리 주변과 서쪽의 촛대바위는 남해안의 갯바위 낚시터로 유명하다. 섬 주변으로 사시사철 물고기가 넘쳐난다. 더운 여름엔 참돔, 돌돔, 농어, 뱅어돔 등 고급 어종이 많이 걸려든다. 경관이 가장 아름다운 네바위 근처가 좋은 낚시 포인트인 것마저 고맙다. 배낚시의 경우 4인 가족이 1인당 2~3만원만 내면 1시간쯤 낚시를 즐길 수 있다. 낚시도구를 준비하지 않아도 마을 어민들이 여행객을 위해 도구를 대여해준다. 그렇게 잡은 물고기는 횟집이나 민박집 주인에게 회를 떠달라고 요청하면 된다.

1 우포 늪의 아름다운 풍경 **2** 우포의 갈대밭 **3** 우포늪 자생 식물원

4천만년 태고의 신비를 간직한 습지
우포 늪

생태계보전지역이자 온갖 수생식물과 억새, 물새의 서식처로서 람사르 습지인 우포 늪에서는 시종일관 녹색의 향연을 만끽할 수 있다. 계절에 따라 옷을 입고 벗고 숨을 쉬며 태곳적 모습을 오롯이 간직한 늪은 환경보호의 중요성과 더불어 잊히지 않는 비경을 선사해 준다.

우포 늪은 지구 해빙기 때인 1억4000년 전에 형성됐다. 또 늪은 경남 창녕 대합면 주매리와 이방면 안리·옥천리, 유어면 대대리·세진리에 걸쳐 있는 국내 최대의 자연 늪으로, 우포·목포·사지포·쪽지벌 등 4개의 습지로 이뤄져 있다. 전형적인 농촌이었고 사람들이 습지를 쓸모없는 땅이라고 여겨 오랜 시간동안 사람들의 발길을 덜 탔기에 온전한 형태로 보존되었다.

현재 이곳에는 우리나라의 10%에 해당하는 435종의 식물과 더불어 천여종의, 조류·곤충류가 서식한다. 특하나 여름이면 우포늪은 녹색 융단을 깔아 놓은 것처럼 장관을 이룬다. 갖가지 물풀이 우거지는 한편 멸종위기 식물로 지정된 보라빛 가시연꽃이 만발한다. 가을에는 어른만큼 키가 큰 갈대가 황금빛 자태를 뽐내고 겨울에는 온갖 철새도 만날 수 있다. 수심이 3m 이하로 얕아 햇볕이 바닥까지 충분히 내리쬐어 물수세미와 검정말 등 침수식물이 무성하다.

◀◀Travel tip

1코스 ▶ 세진주차장 ⋯ 대대제방 ⋯ 전망대 (왕복 1시간)

2코스 ▶ 세진주차장 ⋯ 대대제방 ⋯ 배수장 뒤편 ⋯ 토평천 ⋯ 사지포제방 (왕복 3시간)

3코스 ▶ 지방도 1,080호선 ⋯ 장재마을 ⋯ 소목마을 ⋯ 주매제방 ⋯ 지방도 1,080호선 (왕복 2시간)

4코스 ▶ 지방도 1,080호선 ⋯ 우만마을 ⋯ 가마골마을 ⋯ 목포제방 ⋯ 쪽지벌 (왕복 2시간)

사람들이 가장 많이 찾는 코스는 1, 2코스로 우포늪을 한 눈에 조망할 수 있다. 우포 늪의 속살을 제대로 관찰하려면 3, 4코스가 제격이다. 3코스의 경우 장재 마을에 들어서 기러기와 오리들이 무리지어 놀고 있는 목포를 오른쪽으로 끼고 작은 길을 따라 가면 우포자연학습원과 배를 띄우는 곳이 나온다. 4코스 가마골을 지나 목포를 왼쪽에 두고 걸으면 갈대 숲 너머 수면 위에서 철새들이 먹이잡이를 하고 있다. 비포장도로를 따라 조금 올라가면 목포제방이다. 우포와 목포, 쪽지벌을 한꺼번에 조망할 수 있는 곳이다.

남해안 주요 축제 캘린더

1년 365일 축제가 끊이지 않는 곳. 남해안 곳곳에서는 언제나 크고 작은 축제를 만날 수 있다. 전남, 경남, 부산시 3개 시도에서 펼쳐지는 수많은 축제 중 결코 놓쳐서는 안 될 남해안 7대 이벤트. 그 환상적인 축제 현장으로 떠나보자.

부산 국제영화제 ●2011년 10월6~14일

10년 간 성대한 막을 올리고 있는 부산 국제영화제가 2011년도에도 어김없이 열린다. 매년 부산 해운대와 남포동 일대에서 개최되고 있는 부산 국제영화제는 세계 유수의 영화제들과 함께 명실공히 아시아 최고의 영화제로 이름을 올리고 있다. 아시아 영화인들을 하나로 모으는데 큰 역할을 해온 부산 국제영화제는 역량 있는 신인감독들과 배우들을 발굴하는데에도 크게 기여하고 있다.
부산 국제영화제에서는 국내외 다양한 장르의 영화들을 상영하며 좋아하는 배우를 직접 만나볼 수 있는 기회도 제공한다. 국내 배우들뿐 아니라 일본, 중국 등 아시아 스타들이 직접 참석해 국내 영화팬들과 함께 하는 시간도 마련되며 감독과의 대화와 같은 프로그램도 진행된다. 스타들이 한 자리에 모이는 레드카펫 행사는 부산 국제영화제의 하이라이트이다. www.piff.org

제 5회 대한민국 국제보트쇼 ●2011년 날짜 미정

우리나라의 요트 산업과 해양레저문화를 한자리에 모아놓은 국제보트쇼에서는 세계 최고 수준인 우리나라의 조선 산업 기술력을 한 눈에 조감할 수 있다. 축제 기간 동안 요트와 보트 등 국내외 최신 해양레저 장비들이 전시되며 일반인들도 쉽게 해볼 수 있는 여러 해양 체험 프로그램이 마련된다. 국내 뿐 아니라 해외의 선진화된 해양 장비들을 직접 확인하고 테스트 해 볼 수 있는 기회도 제공된다. 또한 세계 해양 산업을 이끌어 가고 있는 리더들이 직접 참석해 첨단 기술 및 정보들을 교류하는 시간도 마련된다.

1 부산요트장 **2** F1 코리아 그랑프리 **3** 대장경 천년 세계문화축전 **4** 여수세계박람회 **5** 부산세계불꽃축제 **6** 순천만 국제정원박람회

아름다운 남해안 바다를 배경으로 펼쳐지는 대한민국 국제보트쇼는 해양 문화나 레저 활동에 관심 있는 이들이라면 누구나 참여해 즐길 수 있는 모든 시민들에게 열린 축제다. yachtkorea.or.kr

2011 F1 코리아 그랑프리 ●2011년 10월 예정

지난 2010년에 처음 개최된 F1 코리아 그랑프리가 2016년까지 매년 전라남도 영암군, 목포시 일원에서 열린다. F1 코리아 그랑프리는 국내에서 열린 최초의 국제 자동차 경주 대회로 작년도 큰 호응 속에서 치러졌으며 국내에 자동차 경주에 대한 관심을 끌어올리는 데 성공적 역할을 한 것으로 평가되고 있다. 아직까지 국내에서는 자동차 경주에 대한 관심도가 높지 않지만 F1은 월드컵과 올림픽에 이은 세계 3대 빅 스포츠 행사로 유럽이나 미주 등지에서는 인기 있는 스포츠로 자리매김한지 오래다. F1 코리아 그랑프리는 작년도 첫 개최 경험을 발판 삼아 매년 더 발전된 축제 행사로 만들어 나갈 계획이다. 자동차 경주 주요 행사는 영암 서킷에서 진행되며 영암, 목포시 평화광장 등지에서 다채로운 문화 행사들이 펼쳐진다. www.f1festival.kr

2011 대장경 천년 세계문화축전 ●2011년 9월23일~11월6일

가야산 해인사에 봉안되어 있는 고려 팔만대장정은 세계문화유산으로 등록된 전 인류가 지켜나가야 할 보물이다. 고려대장경이 간행된 지 1,000년이 되는 해를 기념해 경상남도와 합천군, 해인사가 공동으로 '2011 대장경 천년 세계문화축전'을 개최한다. 45일간 계속되는 축제는 다채로운 전시와 학술 행사, 공연, 체험 프로그램을 통해 대장경이 지닌 참된 의미와 가치를 다시 되새겨보고 재조명하게 된다. 해인사 부근에 마련된 주 행사장은 대장경 천년관과 세계교류관, 세계시민관, 지식문명관, 정신문화관으로 나누어지며 각 전시관마다 대장경을 주제로 다양한 이야기들을 풀어놓는다. 대장경 천년관에서는 대장경의 실체와 전파, 장경판전의 비밀, 팔만대장경의 완성과 기록 등 숨은 역사를 배울 수 있다. 지식문명관에서는 디지털 문명 속에서 대장경의 역할 등에 대해 고민해볼 수 있다. www.tripitaka2011.com

2012 여수세계박람회 ●2012년 5월12일~8월12일

남해안 시대를 열어갈 신호탄이 될 여수세계박람회가 2012년 여수시 여수신항 지구에서 화려한 막을 올린다. '살아 있는 바다, 숨 쉬는 연안'이라는 주제로 약 3개월에 걸쳐 개최되는 축제는 '지속가능한 해양환

경'과 '현명한 해양의 이용', '바다와 인간의 창조적인 만남'이라는 내용으로 방대한 전시문화예술 이벤트로 치러지게 된다. 여수세계박람회 기간 동안에는 넓게 펼쳐진 여수 앞바다를 무대로 기후환경관, 해양문명도시관, 해양예술관, 국제관 등 여러 가지 전시관들이 빼곡하게 들어서게 되며 수변 광장과 야외 공연장 등지에서는 매일 같이 다채로운 공연 무대들이 펼쳐진다. 또한 한국관을 운영해 이 기간 세계박람회장을 찾을 전 세계 외국인들에게 발전된 한국의 해양문화를 적극 알리게 된다. www.expo2012.or.kr

제7회 부산세계불꽃축제 ●2011년 10월28~29일

부산 광안대교를 배경으로 매년 밤하늘을 화려하게 수놓고 있는 부산세계불꽃축제는 부산의 대표 축제 중 하나로 2005년 APEC 정상회의 개최를 축하하며 열린 첨단멀티미디어 해상쇼가 그 시초이다. 그 후부터 지금까지 매년 축제를 열어오고 있으며 축제 때마다 그 주변 일대 교통이 마비를 이룰 정도로 수많은 관람객들을 불러 모으고 있다. 부산세계불꽃축제는 그 규모와 수준에 있어 일반적인 상상을 뛰어넘는다. 어느 세계불꽃축제와 비교해도 결코 뒤지지 않을 정도로 뛰어난 기술을 선보이며 매번 테마에 걸맞는 음악과 최첨단 레이저 조명으로 더욱 완성도 높은 불꽃쇼를 펼쳐낸다. 불꽃 축제를 제대로 보려면 쇼가 시작되기 몇 시간 전부터 관람하기 좋은 자리를 미리 선점해두어야 한다. 조금 수고스럽긴 하지만 만족도는 그 열 배에 달한다. www.bff.or.kr

2013 순천만 국제정원박람회 ●2013년 4월20일~10월20일

광활한 갈대밭으로 유명한 순천만에서 2013년 국내에서는 처음으로 국제기구의 공인을 받아 개최되는 국제정원박람회가 열린다. 봄부터 가을까지 장장 6개월간에 걸쳐 진행되는 순천만 국제정원 박람회는 친환경적이고 녹색지향적인 미래형 박람회로 '지구의 정원, 순천만'이라는 주제로 다채로운 전시 행사를 펼치게 된다. 네덜란드 벤로시와 프랑스 낭트, 중국 서안 등 세계 각국의 도시들이 참여해 그들만의 독특한 정원 문화를 한 자리에서 소개하게 되며 소나무 숲, 아로마 정원, 장미원, 약초꽃길 등 테마별 공간들을 조성하게 된다. 세계 5대 연안습지 중 하나인 순천만의 특성을 살린 물꽃 습지원, 물새 습지원, 억새 계류원 등도 선보인다. www.2013expo.or.kr

Scenery of
Dreaming
Sea

꿈이 자라나는 통영의 동쪽 벼랑 벽화 마을
이곳 동피랑 마을에는 천사의 날개와 어린왕자 속 보아뱀,
그리고 파란 하늘 벽을 유영하는 물고기가 살고 있어요

아름다운 한려수도를 가장 가까이 만나는 방법
때로는 케이블카를 타고
또 때로는 드라이브 길을 달리며…

세방낙조의 일몰이 시작된다
바다 위로 출렁이는 황금빛 태양이 다도해 바다를 압도한다
바다와 하늘, 태양의 하모니가 빚어낸 환상적인 일몰을 마주하는 순간
세상의 모든 것들이 정지된 것 같은 감동적인 침묵만이 흐른다

세계로 웅비하는 해양도시 부산의 세련된 풍경
이곳은 지중해 바다가 부럽지 않은 아름다운 해변이 있고
칸느나 니스 못지않은 부산국제영화제 등의 축제가 일년내내 열린다

N
S
남해안
지도와
정보

찾아가는 법

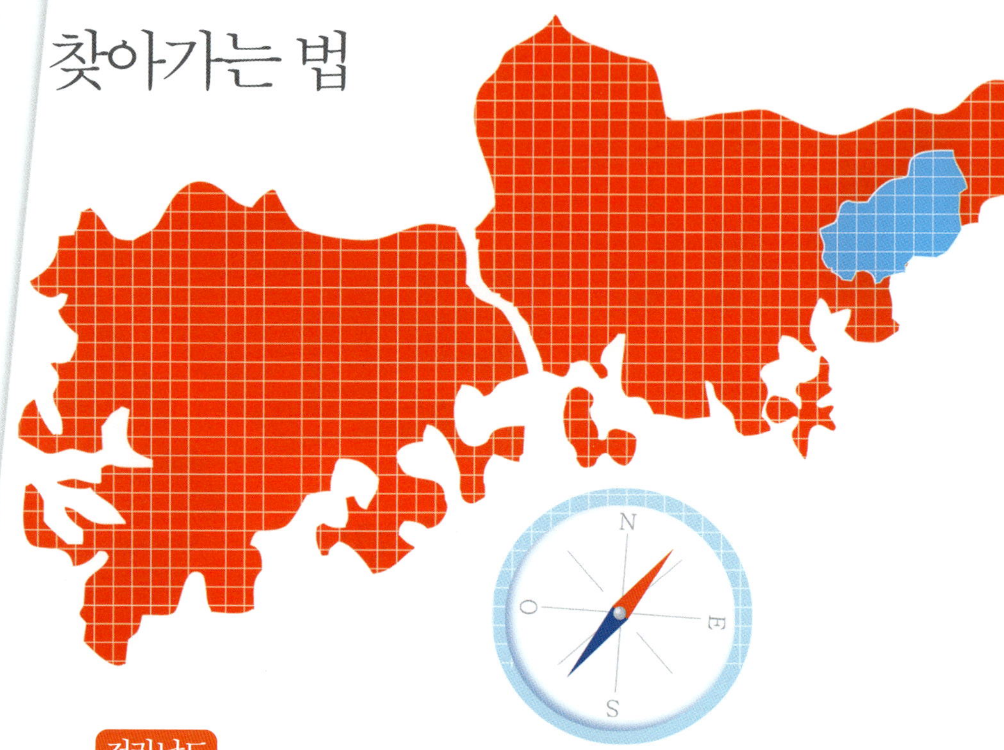

전라남도

진도군

🚐자가용▶서해안 고속도로 ⋯ 목포IC ⋯ 영산호 하구둑 ⋯ 영암 방조제 ⋯ 금호방조제 ⋯ 77번국도⋯해남 우수영 ⋯ 진도대교

🚌고속버스▶센트럴터미널에서 진도까지 07:35~16:35분 매일 4회씩 운행된다. 소요시간은 5시간20분.

🚎관련 테마 코스 ●초요기를 올려라 ●얼씨구 좋다, 남도 소리여행

벌교읍

🚐자가용▶경부고속도로 ⋯ 천안-논산고속도로 ⋯ 호남고속도로 ⋯ 승주IC ⋯ 승주 방면 22번 국도 이용 -〉 벌교

🚌고속버스▶서울 ⋯ 벌교 간 고속버스가 1일 2회 운행된다. 4시간10분 소요.

🚂기차▶용산역 - 벌교역 간에 하루 한 편 운행된다.

🚎관련 테마 코스 ●〈태백산맥〉 문학기행

신안군 증도

🚐자가용▶서해안 고속도로 ⋯ 북무안IC ⋯ 해제 · 지도 방면 ⋯ 지도읍 ⋯ 증도대교 ⋯ 태평염전, 소금박물관

🚌고속버스▶서울 - 지도 간 하루 두 차례 운행된다. 4시간30분 소요. 지도에서 버스를 이용해 증도로 들어온다.

🚂기차▶목포역까지 기차를 이용한 후 목포시외버스터미널에서 지도행 버스로 환승한다.

🚎관련 테마 코스 ●소금이 온다

신안군 흑산도와 홍도

흑산도와 홍도를 가려면 목포 여객터미널에서 출발하는 쾌속선을 이용하면 된다. 남해고속은 흑산도를 거쳐 홍도로 가는 배편을 매일 운항한다. 목포에서 07:50, 08:10(짝수일만 운항), 13:00, 16:00 4회 출항하며 흑산도까지는 2시간 안팎 소요된다. 홍도는 07:50, 13:00 두 차례 출항하며 흑산도를 먼저 거쳐 간다. 2시간 30분 소요. 쾌속선에 차량은 싣지 못한다. 061-244-9915

http://namhaegosok.co.kr

관련 테마 코스 ●막걸리와 홍어가 만났을 때

순천시

자가용▶경부고속도로 ⋯ 천안논산고속도로 ⋯ 호남고속도로 ⋯ 고창담양고속도로 ⋯ 호남고속도로 ⋯ 순천

고속버스▶센트럴터미널에서 순천까지 06:10~24:00분 30~40분 간격으로 운행한다. 약 4시간30분 정도 소요된다.

기차▶순천역까지 하루에 10여 차례 기차가 운행된다. 5시간 정도 소요.

관련 테마 코스 ●낙안읍성 녹색여행

고흥군

자가용▶경부고속도로 ⋯ 천안논산고속도로 ⋯ 호남고속도로 ⋯ 고창담양고속도고 ⋯ 호남고속도로 송광사IC에서 빠져 벌교, 고흥 방면 길을 따라간다.

관련 테마 코스 ●자전거로 남해안의 명소 탐방

여수시

자가용▶경부 고속도로 ⋯ 천안-논산고속도로 ⋯ 호남 고속도로 ⋯ 순천IC ⋯ 여수방향 17번 국도 이용 ⋯ 여수

고속버스▶강남고속버스터미널에서 서울-여수 간 하루 19회 운행된다. 4시간30분 소요

기차▶용산역에서 여수역까지 기차가 운행된다.

관련 테마 코스 ●공룡과 함께하는 시간여행 ●자전거로 남해안의 명소 탐방

무안군

자가용▶서해안고속국도 ⋯ 무안 IC ⋯ 호남고속국도 ⋯ 동광주 IC ⋯ 광주 순환도로 ⋯ 1번국도 목포방향 ⋯ 무안

고속버스▶서울남부터미널에서 매일 무안까지 가는 버스가 17:10분에 출발한다. 3시간30분 소요된다.

기차▶서울역에서 무안역까지 무궁화호가 하루 2편씩 운행된다. 광주나 목포까지 KTX를 이용할 수 있다.

항공▶김포국제공항에서 무안국제공항까지 아시아나항공이 하루 1편씩 운항한다.

관련 테마 코스 ●낙지요리 웰빙여행

경상남도

남해군

자가용▶진주 IC 마산 사천 방면으로 우측 방향 ⋯ 남해 고속도로

관련 테마 코스 ●남해안 공룡나라 방문기 ●불멸의 이순신 ●남해안의 맛과 기의 발견 ●진시황의 불로초를 찾아서 ●이순신 밥상 체험 ●경남의 걷고 싶은 길 ●남해안의 전설따라 바다여행

고성군

자가용▶남해대교 삼거리 진교 IC 방면 우회전 ⋯ 상평사거리 진교 IC 방면 우측 1002번 지방도 ⋯ 남해 고속도로 ⋯ 통영 대정 중부 고속도로 ⋯ 고성 IC 마산 배둔 방향 우측 방향

관련 테마 코스 ●남해안 공룡나라 방문기 ●경남의 걷고 싶은 길

진주시

자가용▶경부고속도로, 한남 IC ⋯ 통영 대전 중부 고속도로 비룡분기점 ⋯ 오죽광장 로터리에서 우회전(진주대로)

관련 테마 코스 ●불멸의 이순신 ●남해안의 맛과 기의 발견

통영시

자가용▶동고성 IC ⋯ 통영 대전 중부 고속도로 ⋯ 통영 IC 통영 한려해상국립공원 방면 우측 방향(14번 국도)

관련 테마 코스 ●불멸의 이순신 ●이순신 밥상 체험 ●경남의 걷고 싶은 길 ●남해안의 보물을 찾아서 ●남해안의 전설따라 바다여행 ●절경과 함께하는 남해안

산청군

자가용▶서울 톨게이트 ⋯ 경부고속도로 ⋯ 통영대전중부고속도로 ⋯ 산청IC 사천, 대원사 방면 우측방향 ⋯ 매촌 삼거리 - 동의보감촌

관련 테마 코스 ●남해안의 맛과 기의 발견

함안군

자가용▶서울 톨게이트 ⋯ 경부고속도로 ⋯ 당진상주고속도로 ⋯ 중부내륙고속도로 ⋯ 남해고속도로 ⋯ 함안IC 진동, 함안 군청방면으로 우측 방향

관련 테마 코스 ●남해안의 맛과 기의 발견

🚗**자가용**▶서울 톨게이트 ⋯ 경부고속도로 ⋯ 부산

🚌**고속버스** 센트럴터미널에서 고속버스가 매일 20~30분 간격씩 부산터미널을 오간다. 4시간 정도 소요.

✈**항공**▶김포공항에서 대한항공, 아시아나 항공이 매일 수차례씩 김해공항까지 운항한다. 비행시간은 1시간 안팎.

🚄**기차**▶서울역에서 KTX가 부산역까지 운행된다. 소요시간은 2시간30분 정도. **관련 테마 코스** ●에치 탐험 학습 관광 ●다크 투어리즘 - 임진왜란에서 한국전쟁까지 ●부스럭 부스럭 - 길따라 스토리텔링 만들기 ●전통발효음식 체험관광(맛과 술) ●접빈음식 발굴 프로젝트 ●휴, 안, 정 관광 ●현대도시 예술 아이콘, 비보이(B-boy) ●축제를 통한 해양 레포츠 체험 ●해양스포츠 아카데미

의령군

🚗**자가용**▶서울 톨게이트 ⋯ 경부고속도로 ⋯ 통영대전중부고속도로 ⋯ 남해고속도로 ⋯ 군북IC 의령 방면으로 우측 방향

관련 테마 코스 ●남해안의 맛과 기의 발견

김해시

🚗**자가용**▶서울 톨게이트 ⋯ 경부고속도로 ⋯ 당진상주고속도로 ⋯ 중부내륙고속도로 ⋯ 남해고속도로 ⋯ 서김해IC 진영 방면으로 좌회전

관련 테마 코스 ●남해안의 맛과 기의 발견

합천군

🚗**자가용**▶서울 톨게이트 ⋯ 경부고속도로 ⋯ 김천 분기점에서 중부내륙고속도 ⋯ 고령 분기점에서 88올림픽고속도로 ⋯ 고령 IC에서 고령, 합천 방면으로 좌회전

관련 테마 코스 ●남해안의 보물을 찾아서

양산시

🚗**자가용**▶서울 톨게이트 ⋯ 경부고속도로 ⋯ 통도사IC

관련 테마 코스 ●남해안의 보물을 찾아서

밀양시

🚗**자가용**▶서울 톨게이트 ⋯ 경부고속도로 ⋯ 김천 분기점에서 대구부산고속도로 ⋯ 밀양 IC에서 울산, 언양 방면으로 우측 방향

관련 테마 코스 ●남해안의 보물을 찾아서

창원시

🚗**자가용**▶서울 톨게이트 ⋯ 경부고속도로 ⋯ 내서분기점에서 남해제1고속도로 지선 ⋯ 동마산IC에서 마산, 창원 방면으로 우측 방향

관련 테마 코스 ●남해안의 맛과 기의 발견 ●절경과 함께하는 남해안

거제시

🚗**자가용**▶서울 톨게이트 ⋯ 경부고속도로 ⋯ 비룡분기점에서 통영대전중부고속도로 ⋯ 신촌 삼거리에서 고현, 시청, 거제종합운동장 방면으로 우측 방향

관련 테마 코스 ●진시황의 불로초를 찾아서 ●남해안의 전설 따라 바다여행

하동군

🚗**자가용**▶서울 톨게이트 ⋯ 경부고속도로 ⋯ 비룡분기점에서 통영대전중부고속도로 ⋯ 진주분기점에서 남해고속도로 ⋯ 하동 IC

관련 테마 코스 ●이순신 밥상 체험

창녕시

🚗**자가용**▶서울 톨게이트 ⋯ 경부고속도로 ⋯ 김천 분기점에서 중부내륙고속도로 ⋯ 창녕IC 창녕 방면 좌회전

관련 테마 코스 ●절경과 함께하는 남해안

사천시

🚗**자가용**▶서울 톨게이트 ⋯ 경부고속도로 ⋯ 비룡 분기점에서 통영대전중부고속도로 ⋯ 진주 분기점에서 남해고속도로 ⋯ 사천IC 사천공항 방면

관련 테마 코스 ●경남의 걷고 싶은 길 ●남해안의 보물을 찾아서 ●절경과 함께하는 남해안 ●남해안의 전설따라 바다여행

Navi로 찾아가는 남해안

전라남도 (061) :

명칭	전화	주소
강강술래터		진도군 군내면 녹진리 산2-11
고흥공설운동장	835-2439	고흥군 고흥읍 호형리 991
기적의 도서관	749-4071	순천시 해룡면 상삼리 666
낙안읍성	749-3347	순천시 낙안면?동내리 437-1
남도대교로		구례군 간전면 운천리
낭도해수욕장	690-7425	여수시 화정면 낭도리
다압		광양시 다압면 도사리 1376
두포마을		여수시 남면 두모리
드라마 촬영장 (사랑과 야망)	749-4003	순천시 조례동 22번지
망금봉(녹진) 전망대		진도군 군내면 녹진리 산2-78
매화마을	772-9494	광양시 다압면 도사리 141
무안갯벌생태관	453-5010	무안군 해제면 유월리 1-1
무안낙지골목	454-5434	무안군 무안읍 성남리 288
문척교		구례군 문척면 월전리
방원 공룡박물관	742-4590	순천시 별량면 대곡길
백련지	450-5114	무안군 일로읍 복용리 140-1
벌교역/소화다리/홍교		보성군 벌교읍
상사댐, 상사호	745-5858	순천시 상사면 흘산리 13
선암사	749-3578	순천시 승주읍 죽학리 802
섬진교		광양시 다압면 신원리 산80-1
세방낙조		전남 진도군 지산면 가학리 415
소금박물관 /염생식물원	275-0829	신안군 증도면 대초리 1648
소포리 민속전수관	543-4556	진도군 지산면 소포리 76-1
송광사	755-0107	순천시 송광면 신평리 12
순천만 자연생태공원	749-4007	순천시 대대동 162-2
순천왜성		순천시 해룡면 신성리 신성마을
순천향교	753-3479	순천시 금곡동 182번지
신비의 바닷길		진도군 고군면 금계리 산 93
엘도라도 리조트	260-3300	신안군 증도면 우전리 233-42
여수 금오도	664-9133	여수시 남면 심장리
운림산방	543-0088	진도군 의신면 사천리 61
전라 우수영	532-4088	해남군 문내면 학동리 산 36
전통야생차 체험관	749-4202	순천시 승주읍 죽학리 산 48-1
정혜사	755-8486	순천시 서면 청소리 716?
주암호	749-7212	순천시 주암면 주암호
죽도봉공원	749-3209	순천시 장천동 53-1
직포해수욕장		여수시 남면 두모리
진도대교	542-0088	진도군 군내면 녹진리 4-3
진도향토문화회관	540-3542	진도군 진도읍 동외리 1189
짱뚱어 다리		신안군 증도면 증동리
찻소리 문화공원	853-5180	보성군 보성읍 봉산리 1294-1
충무사		순천시 해룡면 신성리 산28-1
태백산맥문학관	858-2992	보성군 벌교읍 회정리 357-2
태평소금	275-0370	신안군 증도면 대초리 1650-37
함구미 선착장		여수시 남면 유송리
함평 나비엑스포장	324-3440	함평군 함평읍 수호리 1154-1

주변 관광지

명칭	전화	주소
다산초당	430-3791	강진군 도암면 만덕리
대나무골 테마공원	383-9291	담양군 금성면 봉서리 산51-1
돌산공원	690-2342	여수시 돌산읍 우두리 산1
두륜산 케이블카	534-8992	해남군 삼산면 구림리 138-6
마한문화공원	470-2791	영암군 시종면 옥야리 940-1
메타세쿼이아 가로수길		담양군 담양읍 학동리
백수해안도로		영광군 백수읍 구수리
백운산자연휴양림	797-2655	광양시 옥룡면 추산리 산115-1
수락폭포	780-2227	구례군 산동면 수기리수락폭포
순천만 갈대밭	749-3006	순천시 대대동 162
섬진강 기차마을	363-9902	곡성군 오곡면 오지리 720-16
월출산	473-5210	영암군 영암읍 개신리 484-50
오동도	690-7303	여수시 수정동 산1-11
완도수목원	552-1532	완도군 군외면 대문리 산109-1

Navi로 찾아가는 남해안

왕인박사유적지	470-2560	영암군 군서면 동구림리 산18	피아골	783-7838	구례군 토지면 외곡리 794-2
유달산조각공원	242-2344	목포시 죽교동 산27	함평자연생태공원	320-3514	함평군 대동면 운교리 500-1
죽녹원	380-3244	담양군 담양읍 향교리 산37-6	화순고인돌 체험학습관	370-1303	
제암산자연휴양림	852-4434	보성군 웅치면 대산리 산113-1	해남 땅끝마을	533-9324	해남군 송지면 송호리

부산광역시 (051) :

가덕도 등대	970-4074	강서구 대항동 산 13-2	부산 박물관	610-7111	남구 대연4동 948-1
기장문화예절학교	728-8020	기장군 장안읍 월내리 579번지	40계단문화관	600-4000	중구 영선 고개길 186
기장소름요	722-0018	기장군 기장읍 죽성리 639-1	삼락습지생태원		사상구 삼락동
도예체험			송정해수욕장	749-5705	해운대구 송정동 712-2
기장왜성		기장군 기장읍 죽성리	수산과학관	720-3061	기장군 기장읍 시랑리 408-1
낙동강 에코센터	888-6861	사하구 하단동 1207-2번지	스포원파크	508-8101	금정구 두구동 669
대변항		기장군 기장읍 대변리	용두산공원	860-7820	중구 광복동2가 1-2
동래패총		동래구 낙민동 / 동래역 뒷편	이기대공룡발자국	607-6361	남구 용호3동 산25
동래향교	552-4160	동래구 명륜1동 1-235	임시수도기념관	244-6345	서구 부민동3가 22
동명불원	626-1516	남구 용당동 507-1	자갈치시장	245-2594	중구 남포동4가 37-1번지
템플스테이			충렬사	523-4223	동래구 안락동 반송로 393
동삼동	403-1193	영도구 동삼2동 749-8	태종대/	405-2004	영도구 동삼2동 산29-1
패총전시관			등대해양문화공원		
동아대박물관	200-8493	서구 부민동2가 1	토암도자기공원	721-2231	기장군 기장읍 대변리 52
복천박물관	550-0311	동래구 복천동 50	해동용궁사	722-7744	기장군 기장읍 시랑리 416-3
/동래읍성			해양자연사박물관	553-4944	동래구 온천1동 산13-1
부산 근대역사관	253-3321	중구 대청동2가 24-2	황학대		기장군 기장읍 죽성리 30-26

경상남도 (055) :

거제 문화예술회관	680-1012	거제시 장승포동 426-33	김춘수 생가	650-4620	통영시 정량동 863-1번지
거제 옥녀봉	639-3000	거제시 아주동	김해 작가의 집	345-9945	김해시 진영읍 내룡리 702
고성 공룡박물관	832-9021	고성군 하이면 덕명리 85	남망산 조각공원	648-8417	통영시 동호동 230-1
/새발자국			남해 마늘 전시관		남해군 이동면 다정리
고성 옥천사	672-0100?	고성군 개천면 북평리 408	남해 상주리 석각		남해군 상주면 양아리
구인회(LG) 생가		진양군 진수면 승산리	남해 암수바위		남해군 남면 홍현리
국새전각전		산청군 금서면 특리 1300	남해 창선 공룡발자국		남해군 창선면 가인리
금산 보리암	862-5570	남해군 상주면 상주리 2065	내도	639-3000	거제시 일운면 와현리
김영삼 대통령 생가		거제시 장폭면 외포리 1388-3	노무현 대통령 생가		김해시 진영읍 본산리 36번지

다랭이 마을	860-3946	남해군 남면 홍현리
도심다원	883-2252	하동군 화개면 정금리 577
동피랑길	646-7449	통영시 동호동 94-1
마산 고현리		창원시 마산합포구
공룡발자국		진동면 고현리
망운사		남해군 서면 노구리
매암 차문화 박물관		하동군 악양면 정서리
문수암		고성군 상리면 무선리 산 134
문신미술관	220-6550	창원시 마산합포구
		추산동 51-1
미륵산	640-5371	통영시 봉평동
박경리 생가		통영시 문화동 1328-1
보리암	862-6115	남해군 상주면 상주리 2065
벽방산 안정사	649-7175	통영시 광도면 안정리 1888
사천 남일대 석양	831-2725	사천시 실안동 앞 바다일대
및 죽방렴		
사천 다솔사	853-0284	사천시 곤명면 추천리 산 86
사천 비토섬		사천시 서포면 비토리
상족암	670-2202	고성군 하이면 덕명리 32
세병관	650-5365	통영시 문화동 62-1
쌍계사 차시배지		하동군 화개면 운수리
옥포대첩 기념공원	639-8129	거제시 옥포동 1
외도	715-3330	거제시 일운면 와현리
우포늪	530-2161	창녕군 유어면 세진리 201
윤이상 거리	650-4681	통영시 도천동 127-1
이병철(삼성) 생가		의령군 정곡면 중교리 723
이순신공원		통영시 정량동
전두환 대통령 생가		합천군 율곡면 내천리
제승당	642-8377	통영시 한산면 두억리 875
조홍제(효성) 생가		함안군 군북면 동촌리 1148번지
주남 저수지	296-5059	창원시 동읍 월잠리 306-16
진주성		진주시 본성동
창선교, 죽방렴		남해군 창선면 지족리
창원 불곡사	282-7402	창원시 대방동 1036-1

청마 문학관	650-4591	통영시 정량동 863-1
청마 생가		통영시 정량동 863-1
청마 출생지		거제시 둔덕면 방하리
최참판댁	880-2960	하동군 악양면 평사리 498번지
충렬사	645-3239	통영시 명정동 213번지
통도사	382-7182	양산시 하북면 지산리 583번지
통영 공주섬		통영시 도남동 산 59번지
통영 미륵산 케이블카	649-3804	통영시 도남동 산63-26
통영 사량도	650-4680	통영시 사량면
통영 수산과학관	646-5704	통영시 산양읍 미남리 682-1
통영 연화사	641-3672	통영시 욕지면 연화리 90-1
통영 향토역사관	650-4593	통영시 태평동 372-2
표충사	353-3366	밀양시 단장면 구천리 32
합천 해인사	934-3000	합천군 가야면 치인리 10번지
해평열녀사당	643-3933	통영시 봉평동 52번지

여객선 터미널 :

목포 여객선터미널 **(061)**
240-6060 전남 목포시 항동 4

여수 여객선터미널 **(061)**
663-0117 전남 여수시 교동 682

거제 여객선터미널 **(055)**
682-0116 경남 거제시 장승포동 687

통영 여객선터미널 **(055)**
642-0116 경남 통영시 서호동 316

부산 여객선터미널 **(051)**
400-3399 부산 중구 중앙동 5가 16

부산 국제여객선터미널 **(051)**
465-3471 부산 중구 중앙동 4가 15-3

부산 국제크루즈터미널 **(051)**
405-6154 부산 영도구 동삼동 1125

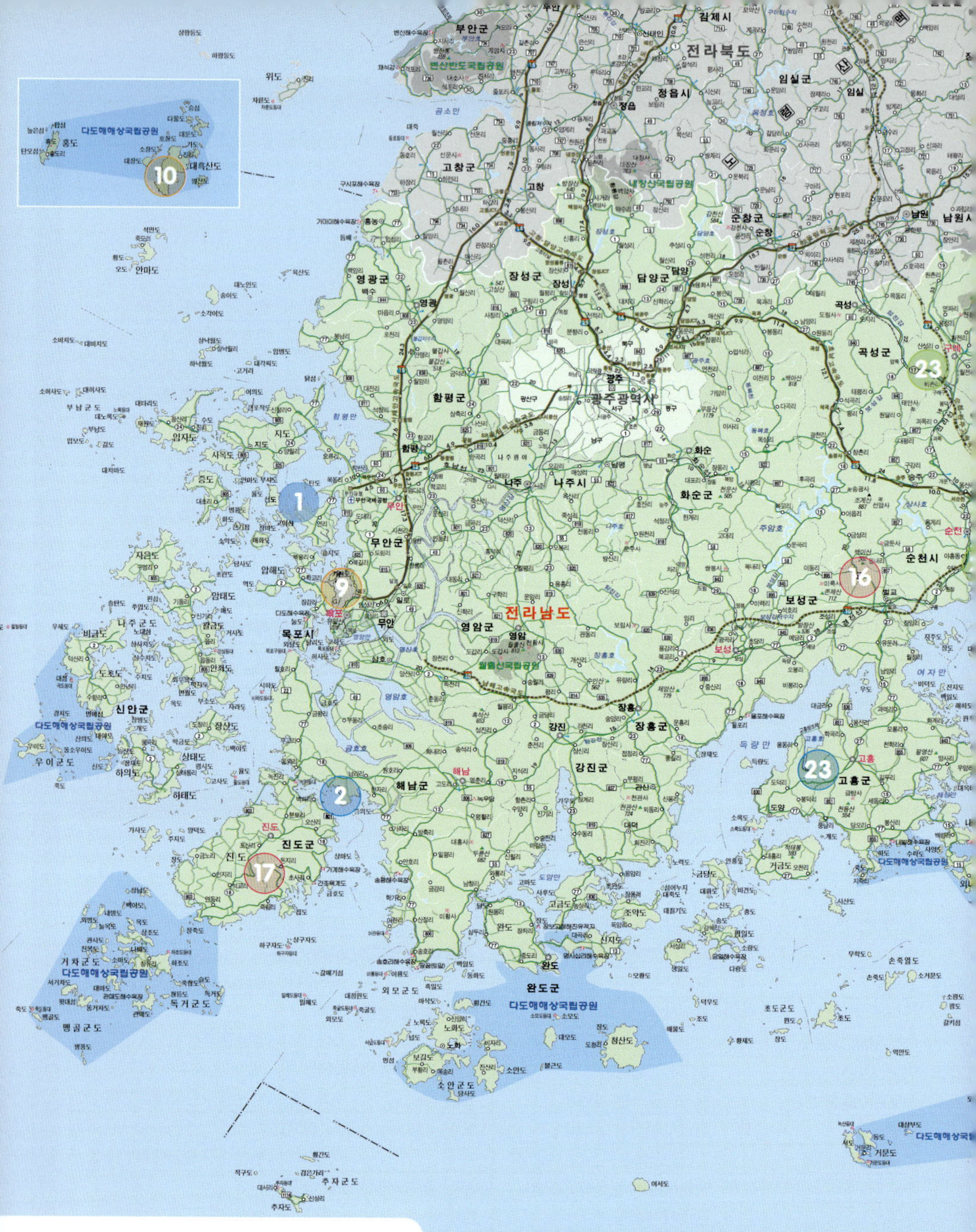

남해안 전체 지도

[시간여행]

1 소금이 온다
2 공룡과 함께하는 시간여행
3 초요기를 올려라
4 에치(Echi) 탐험 학습관광
5 다크 투어리즘 - 임진왜란에서 한국전쟁까지
6 부스럭 부스럭 - 길 따라 스토리텔링 만들기
7 불멸의 이순신
8 남해안 공룡나라 방문기

범례

[맛기행]

9 낙지요리 웰빙여행
10 막걸리와 홍어가 만났을 때
11 전통발효음식 체험관광(맛과 술)
12 접빈음식 발굴 프로젝트
13 남해안의 맛과 기(氣)의 발견
14 진시황의 불로초를 찾아서
15 이순신 밥상 체험

[멋과 풍류]

16 〈태백산맥〉문학기행
17 얼씨구 좋다, 남도 소리여행
18 휴(休), 안(安), 정(情) 관광
19 현대도시 예술 아이콘, 비보이(B-Boy)
20 경남의 걷고 싶은 길
21 남해안의 보물을 찾아서

[블루&그린]

22 낙안읍성 녹색여행
23 자전거로 남해안의 명소 탐방
24 축제를 통한 해양 레포츠 체험
25 해양 스포츠 아카데미
26 남해안의 전설따라 바다 여행
27 절경과 함께 하는 남해안

〈지도제공 : 남해안3개시도 관광협의회〉

전라남도
다도해해상국립공원
10
고창군
고창
장성군
장성
영광군
영광
함평군
함평
무안군
무안
1
9
목포
목포시
나주시
나주
전라남도
영암군
영암
월출산국립공원
신안군
다도해해상국립공원
우이군도
해남군
해남
강진
2
진도
진도군
17
완도군
다도해해상국립공원
거차군도
다도해해상국립공원
독거군도
맹골군도

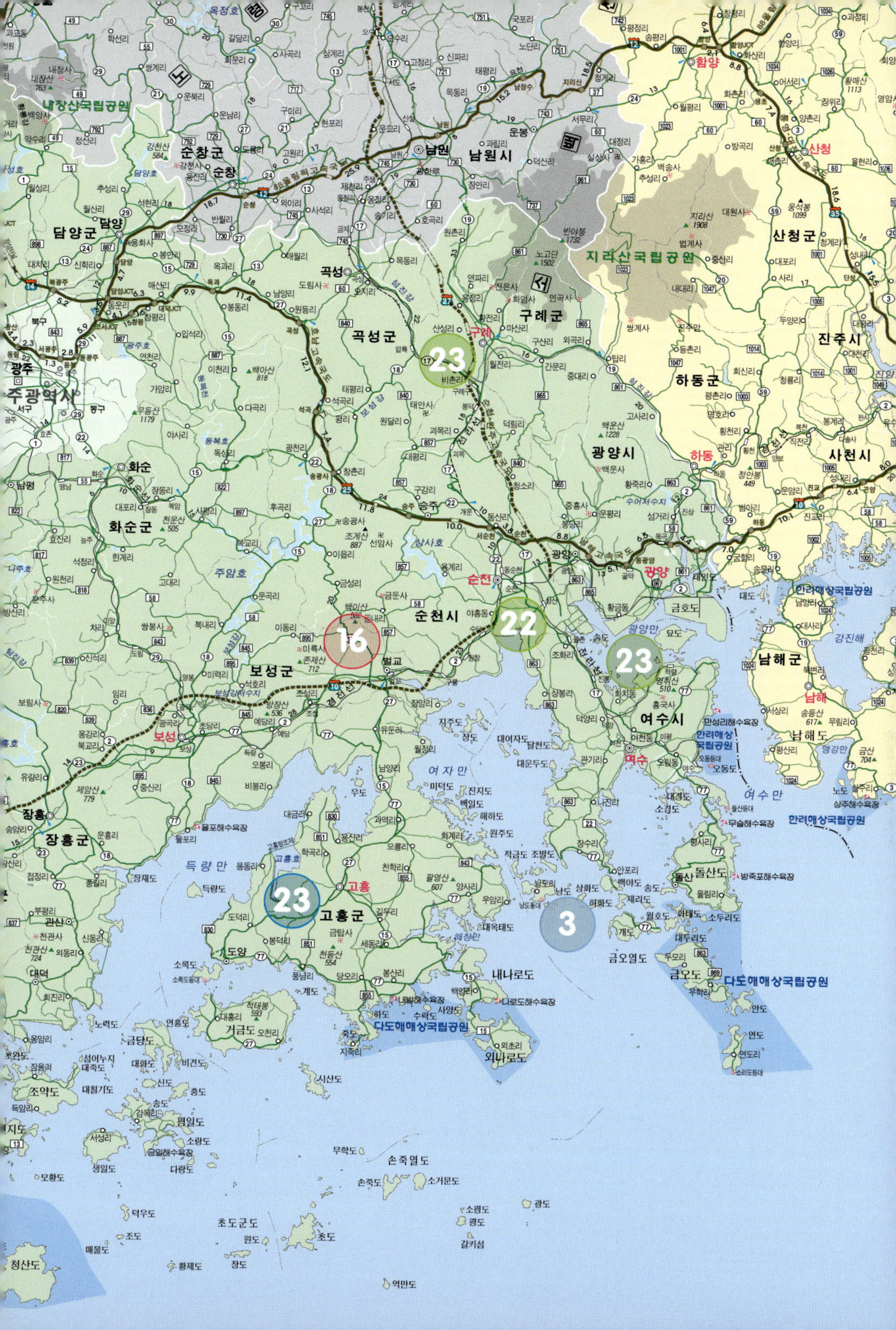

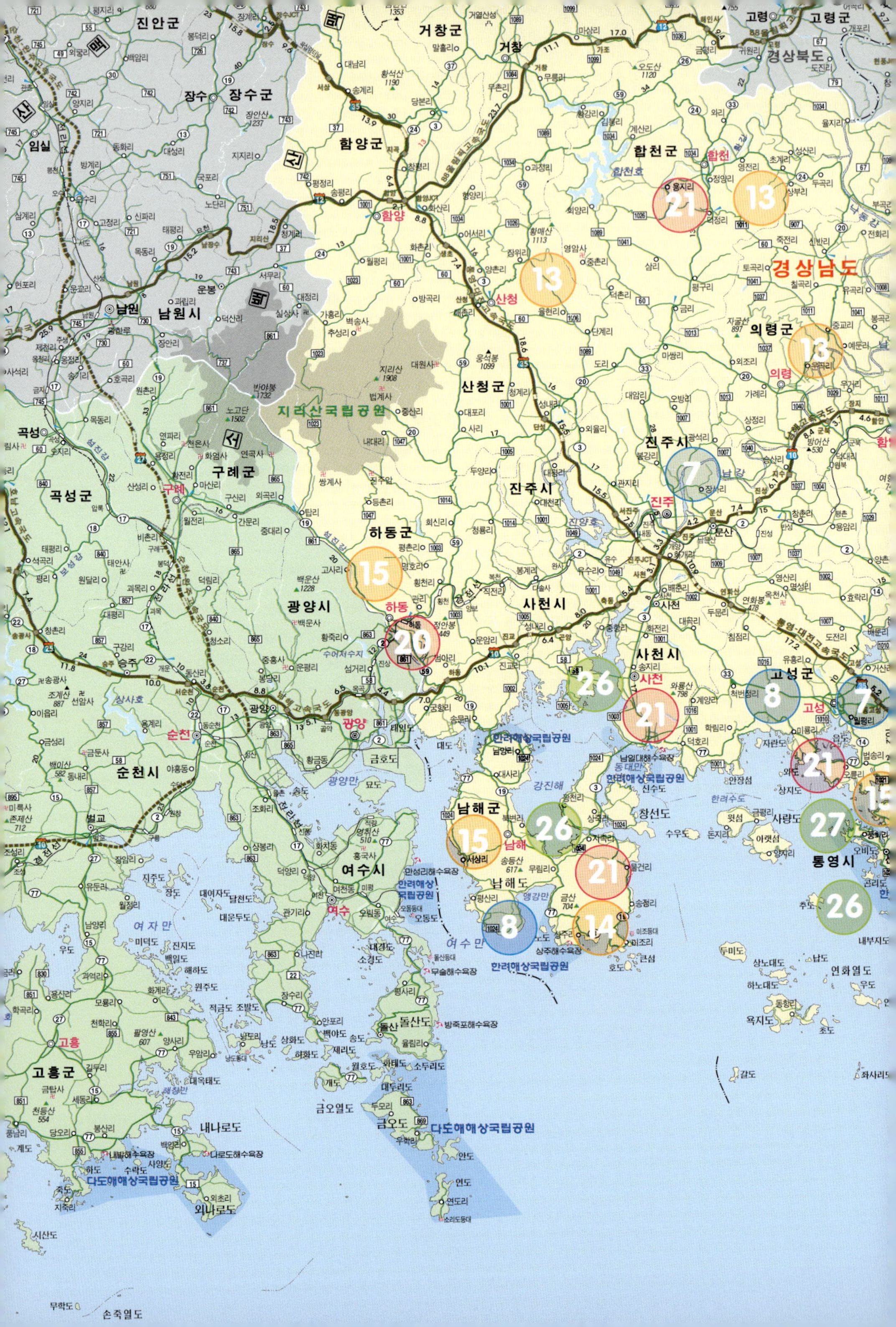

부산시 | 경상남도

남해안에서 쓰는 편지

남해안에서 쓰는 편지

이야기, 테마 가이드
꿈의 바다! 남해안

발행일 | 2011년 1월 25일
발행인 | 김웅택
편집기획 | 고영두
취재 & 사진 | 애드밴 특별 취재팀
디자인 | k2food@naver.com
펴낸곳 | 애드밴
주소 | 서울시 중구 주자동 44-2 대도빌딩 4층
구입문의 | 02)2264-8494
등록 | 2009년 4월 20일
ISBN 978-89-965813-0-7

가격 1만5,000원

★이 책의 판권 및 저작권은 애드밴에 있으며, 본사의 서면 동의 없이 이 책 내용의 전부
또는 일부의 무단 전재나 복제, 혹은 책의 내용을 가공하여 사용할 수 없습니다.
★ 책자에 수록된 정보는 2010년 10월 기준으로 작성됐습니다.
모든 정보는 현지 사정에 따라 사전 동의 없이 변동될 수 있습니다.
또한, 본문 중에 잘못된 내용을 알려주시면 다음 개정판에 반영하겠습니다.
E-mail : kim@advan.co.kr

자료협조 : 남해안3개시도 관광협의회